生命大设计

[美] 罗伯特·兰札　　鲍勃·伯曼◎ 著
（Robert Lanza）　（Bob Berman）

杨泓　孙红贵　孙浩◎ 译

中国科学技术出版社
·北　京·

本书中文简体字版通过 **Grand China Happy Cultural Communications LTD（深圳市中资海派文化传播公司）** 授权中国科学技术出版社在中国大陆地区出版并独家发行。未经出版者书面许可，不得以任何方式抄袭、节录或翻印本书的任何部分。

北京市版权局著作权合同登记　图字：01-2022-5110。

图书在版编目（ＣＩＰ）数据

生命大设计 / (美) 罗伯特·兰札 (Robert Lanza)，(美) 鲍勃·伯曼 (Bob Berman) 著；杨泓，孙红贵，孙浩译 . -- 北京：中国科学技术出版社，2022.9

书名原文：Beyond Biocentrism: Rethinking Time, Space, Consciuosness, and the Illusion of Death

ISBN 978-7-5046-9751-6

Ⅰ.①生… Ⅱ.①罗… ②鲍… ③杨… ④孙… ⑤孙… Ⅲ.①生命科学－普及读物 Ⅳ.① Q1-0

中国版本图书馆 CIP 数据核字 (2022) 第 136950 号

执行策划	黄　河　桂　林
责任编辑	申永刚
策划编辑	申永刚　方　理
特约编辑	汤礼谦
封面设计	东合社·安宁
版式设计	王永锋
责任印制	李晓霖

出　　版	中国科学技术出版社
发　　行	中国科学技术出版社有限公司发行部
地　　址	北京市海淀区中关村南大街 16 号
邮　　编	100081
发行电话	010-62173865
传　　真	010-62173081
网　　址	http://www.cspbooks.com.cn

开　　本	787mm×1092mm　1/16
字　　数	222 千字
印　　张	15
版　　次	2022 年 9 月第 1 版
印　　次	2022 年 9 月第 1 次印刷
印　　刷	深圳市精彩印联合印务有限公司
书　　号	ISBN 978-7-5046-9751-6/Q·235
定　　价	68.00 元

我们就像《绿野仙踪》里的桃乐茜一样，在漫长的旅程中一直都在寻找我们的魔术师，只有返回家园……才发现，答案一直都在我们自己身上。

BEYOND
BIOCENTRISM
权威推荐

爱德华·唐纳尔·托马斯（Edward Donnall Thomas）
1990 年诺贝尔生理学或医学奖得主

　　罗伯特·兰札深刻地研究了科学与哲学，并通过把生物学置于中心地位，统一了所有的知识理论。

科里·S. 鲍威尔（Corey S. Powell）
《发现》（*Discover*）**杂志前主编**

　　《生命大设计》是一次探究科学史和前沿物理学的充满了乐趣的旅程，旨在发现意识和宇宙之间那种长期被忽略的关系。

戴维·J. 艾彻（David J. Eicher）
《天文学》（*Astronomy*）**杂志主编**

　　这是一本有趣而刺激的著作，将挑战你的基本观念，促使你重新思考科学的本质。快节奏的叙述方式将带给你一次充满愉悦的阅读体验。

中西部书评（*Midwest Book Review*）

饶有趣味，值得付出时间阅读。作者呈现自己论证的方式表明，他对书中涉及的让人摸不着头脑的知识有很深的理解。他的论证是对话式的……他对非凡事物的把握既令人愉悦，又富有感染力。

帕梅拉·温特劳布（Pamela Weintraub）
《万古杂志》（*Aeon Magazine*）主编，《发现》杂志前执行主编

未来的机器会思考吗？植物有意识吗？死亡是一种幻觉吗？这些问题都在《生命大设计》一书中得到了讲述。这本书提供一种全新的以生物为基础的万物论，思路清晰，写作方式灵动，堪称重磅之作，确实值得一读。

沙伦·贝格利（Sharon Begley）
《波士顿环球报》（*The Boston Globe*）资深科学作家
曾任《新闻周刊》（*Newsweek*）、《华尔街日报》（*Wall Street Journal*）及
路透社科学编辑和通讯记者

人类的意识在创世或宇宙中扮演着何种角色？很少有脑力活动会比思考这个问题更为激动人心，而兰札和伯曼促使人们做出这样的思考，去理解一切为何如此。如果你想知道"没人凝视月亮时月亮是否还会继续存在"这样的问题的答案，即使你从来没有思考过这种貌似很荒谬的问题，那么，你可以花时间读读《生命大设计》这本书。

尤金妮亚（Eugenia）
亚马逊 VINE VOICE 评论家

关于这本书，我要说的是，再多的星级好评也无法描述它到底有多么出色……

金光洙（Kwang-Soo Kim）

哈佛医学院精神病学和神经学教授，麦克林医院神经生物学实验室主任

　　《生命大设计》用神经生物学的观点回答了一些关于我们所处的这个世界的问题。兰札和伯曼朝向更透彻地理解意识和观念所扮演的角色的方向又迈进了一步……一部趣味盎然的作品。

罗纳德·M. 葛林（Ronald M.Green）

达特茅斯学院道德和人类价值观研究荣誉教授，伦理研究所前主任

　　兰札和伯曼提出的生物中心主义理论改变了我们对一些古老的宗教也试图回答的问题的观点，如宇宙的起源、人的不朽等。这部作品以物理学和生物学领域内的前沿发现为基础，阐述明晰，对科学感兴趣的人不容错过。

拉尔夫·D. 莱文森（Ralph D.Levinson）

加州大学洛杉矶分校健康科学系教授

　　对于任何想要了解现代科学（相对论和量子力学的神秘）进展的读者来说，《生命大设计》是一本必读之书。这本书见解深刻，精彩绝伦。能够改变我们看待世界的方式的书很少，而《生命大设计》就是这样一本书。

狄巴克·乔布拉（Deepak Chopra）

《不老的身心》（*Ageless body, Timeless mind*）作者，被《时代》（*TIME*）杂志誉为"二十世纪百位顶尖偶像与英雄"之一，有"心灵帝王"之称

　　独到的见解……我采访过诸多卓越的科学家，而兰札博士对意识本质的见解是最独特的，也是最令人兴奋的。生物中心主义符合最古老的世界传统理念。《生命大设计》创造了一段精彩而发人深省的旅程，将永远改变你对自己的存在的理解。

安东尼·阿塔拉（Anthony Atala）
W. H. Boyce 教授，维克森林大学再生医学研究所主任

　　兰札和伯曼带领读者开启了一次卓越的旅程，意在证明我们对地球上的生命和存在的认知远比我们认为的少。他们展示的科学证据让我们重新思考原本认为的现实本质都是真实的这一观点。《生命大设计》一书引人入胜，发人深省，向我们展示了看待宇宙和我们自己的全新方法，的确不可不读。

迈克尔·古奇（Michael Gooch）
《带马刺的靴子》（*Wingtips with Spurs*）作者

　　这本新书极为大胆。作者并不视生命为随机产生的副产品，而认为生命是普遍存在性和目的性所能达到的巅峰。这是一本既令人兴奋又令人不安的书。虽然《生命大设计》提到的概念似乎有点激进和反直觉，但在反思过后，你将会看清作者描绘的图景，从而能以更好的、更符合常理的思维方式思考世间万物。

《波士顿环球报》

　　罗伯特·兰札是干细胞生物学领域最卓越的科学家之一。兰札博士在周一表示，他将会主导安斯泰来制药公司的全球再生医学研究。此外，他将继续担任安斯泰来旗下的奥长塔治疗公司的首席科学家。

《华尔街日报》

　　在过去的 20 年里，科学家一直梦想着利用人类胚胎干细胞来治疗疾病……这一天终于到来了……科学家已利用人类胚胎干细胞成功地改善了严重的眼疾患者的视力。终有一天，科学上的进步会让人们找到阿尔茨海默病和心脏病的治疗方案。

《时代》

《柳叶刀》杂志报道，以罗伯特·兰札为首的科研团队首次证明了人类胚胎干细胞可作为两种眼疾的安全有效的治疗方案。

1996年，科学家利用克隆技术成功克隆了多利羊。现在，利用同样的技术，历经多年，科研工作者终于可以诱导成人细胞生成干细胞，这也提供了一个修复病变或受损细胞的安全的新方法。

美国全国公共广播电台（NPR）

科学家诱导人类皮肤细胞首次成功获得胚胎干细胞。

罗伯特·兰札博士是干细胞疗法的先驱之一。目前，他已经利用这种技术帮助许多患者修复身体的受损部位。

《宾夕法尼亚公报》（ *The Pennsylvania Gazette* ）

鉴于其在克隆和干细胞领域的开创性工作，罗伯特·兰札获得了一系列科学荣誉。这一领域中藏有秘密宝藏……和他的万物理论。

《发现》杂志"人民选择奖"之"年度最佳科研故事"颁奖辞

兰札及其同事在干细胞研究领域取得的突破性进展，击败了埃博拉病毒疫情、气候变化危机、纠缠光子对、宇宙膨胀和同年的其他科学话题（如空间探索、数学、科技、古生物学和环境等），当选为"年度最佳科研故事"。

《美国新闻与世界报道》（ *U.S. News & World Report* ）封面文章

罗伯特·兰札就是马特·达蒙在电影《心灵捕手》（ *Good Will Hunting* ）中的角色的现实化身。他成长于马萨诸塞州波士顿南部斯托顿的某个贫困家庭，在还只是个孩子时，就因为在地下室成功地改变了鸡的基因而受到哈佛大学医学院研究人员的关注。

在其后的十年里，他的才能被不断挖掘，且有幸获得了许多科学巨子的帮助（如心理学家 B.F. 斯金纳、免疫学家乔纳斯·索尔克、心脏移植先驱克里斯蒂安·巴纳德）。导师们以"天才""叛逆的思想家"等词语来形容他，甚至将他与爱因斯坦相媲美。

兰札博士如今是安斯泰来全球再生医学负责人、安斯泰来再生医学研究所首席科学家，并任维克森林大学医学院的兼职教授。兰札博士目前的研究重点在于胚胎干细胞和再生医学，以及二者在治疗世界上最棘手的疾病方面的潜力。

BEYOND BIOCENTRISM
作者简介

罗伯特·兰札（Robert Lanza）

《时代》杂志上的兰札

《财富》杂志上的兰札

罗伯特·兰札被《时代》杂志评选为 2014 年"全球最具影响力的 100 人"。

《财富》杂志以《干细胞研究领域的旗手》为题对兰札博士及其研究进行了报道，该报道包括如下内容：

2012 年 2 月，兰札博士在《柳叶刀》杂志上发表了一篇文章，详细阐述了有两名女性黄斑病变患者参与的早期临床试验。在这项试验中，加州大学洛杉矶分校的一位眼科医师向两名女性患者各移植了 5 万个视网膜细胞，这些细胞是通过诱导人类胚胎干细胞获得的。据该文描述，2 名患者的视力都得到了改善，只是两者的改善程度并不一样。接受某次注入后，一名患者已经可以独自地逛商场、使用电脑和倒咖啡；而另一名患者只能看清简单的颜色，只能识别出视力表字母中的 5 个。如果有一天，兰札博士因拯救数百万人免于失明而被人铭记，那么对本·阿弗莱克（美国知名导演、演员）而言，兰札博士的故事将会是一部现成的传记片。

兰札博士出生于波士顿的一个贫困小镇，由一名职业赌徒抚养长大。凭借聪明才智和想象力，他成功地摆脱了贫困。13 岁时，他修改了一只鸡的基因，使其改变了颜色，这个实验被刊登在《自然》杂志上。与他不一样，他的妹妹的命运很不幸，连高中学业都未能完成。兰札取得了宾夕法尼亚大学医学博士学位，还是一位富布莱特学者。他曾与许多科学巨子合作过，包括 B.F. 斯金纳和乔纳斯·索尔克。如今，兰札博士是干细胞研究领域的旗手。

获奖及荣誉

2015 年

《展望》（Prospect）杂志"世界思想家"前 50 名

2014 年

被《时代》杂志评为"全球最具影响力的 100 人"，同时上榜的还有罗伯特·雷德福等先驱、领袖及伟人

获得《发现》杂志"人民选择奖"（People's Choice Award）之"年度最佳科研故事"奖

在《柳叶刀》（The Lancet）杂志上发表文章，首次证明具有生物活性的

多能干细胞可用来治疗各种类型的患者，并利用人类胚胎干细胞成功治疗了患有严重眼疾的病人

2013 年

获得圣马克金狮奖之医学奖（II Leone di San Marco Award in Medicine）

被评选为"全球干细胞领域 50 大最具影响力的人物"（与詹姆斯·汤姆森和诺贝尔经济学奖得主山中伸弥同列排行榜第 4 位）

2012 年

被《财富》杂志誉为"干细胞研究领域的旗手"

2010 年

因其在"将基础科学研究转化为有效的临床实践"方面的成就，获得美国国立卫生研究院主任奖（NIH Director's Award）

被《生物世界》（*BioWorld*）评选为 28 位"影响未来 20 年生物技术的领导者"之一，同年获得该称号的还有公然挑战"国际人类基因组计划"的生物学家克莱格·文特尔、美国时任总统贝拉克·奥巴马

2008 年

被《美国新闻与世界报道》杂志的封面报道誉为"天才""叛逆的思想家"，甚至将其与爱因斯坦相媲美

2007 年

由于"其在药物作用原理方面的发现影响了今日和未来的原则"，被 *VOICE* 杂志评为"生命科学行业中 100 位最鼓舞人心的人物之一"

获布朗大学"当代生物领域杰出贡献奖"，以"奖励其在干细胞领域中的开创性研究与贡献"

2006 年

获得 *Mass High Tech* 杂志"生物技术类全明星奖",以"奖励其对干细胞研究的未来的推动"

2005 年

由于"在胚胎干细胞研究领域令人瞩目的工作",获得《连线》(*Wired*)杂志"赞扬奖"(Rave Award)

还获得过马萨诸塞州医疗协会奖(Massachusetts Medical Society Award)、《波士顿环球报》(*The Boston Globe*)的威廉·O. 泰勒奖(William O. Taylor Award)等奖项

2003 年

从死去约 25 年的爪哇野牛身上提取了皮肤细胞,并利用这些细胞成功地克隆了爪哇野牛

前沿生物学家

罗伯特·兰札,医学博士,世界上最受尊敬的科学家之一。

兰札博士现在是安斯泰来全球再生医学(Astellas Global Regenerative Medicine)负责人、安斯泰来再生医学研究所(Astellas Institute for Regenerative Medicine)首席科学家,并任维克森林大学医学院的兼职教授。

兰札博士拥有数百项发明专利,发表了数百篇学术论文,并著有三十多本科学图书,其中《机体组织工程原理》(*Principles of Tissue Engineering*)被视为该领域最具权威性的参考书;《干细胞手册》(*Handbook of Stem Cells*)、《干细胞生物学纲要》(*Essentials of Stem Cell Biology*)被视为干细胞研究的权威图书。兰札博士的其他著作包括《一个世界:21 世纪人类的健康和生存》(*One World: The Health & Survival of the Human Species in the 21st Century*,由美国前总统吉米·卡特作序)等。

兰札博士在宾夕法尼亚大学获得学士学位和博士学位，是该校的大学学者（University Scholar）和本杰明·富兰克林学者（Benjamin Franklin Scholar）。他还是一名富布莱特学者（Fulbright Scholar）。

兰札博士的工作成果加深了我们对细胞核移植和干细胞生物学的理解。兰札博士的团队克隆出世界上首个人体胚胎，并通过体细胞核移植（治疗性克隆）首次成功生成干细胞。2001年，他成功克隆了印度野牛，成为世界上第一个成功克隆濒危物种的人。2003年，他从圣地亚哥动物园已死去约25年的爪哇野牛身上提取了皮肤细胞并冻结，之后利用这些细胞，成功克隆出了爪哇野牛。最近，他又发表了一篇关于多能干细胞应用于人体的学术文章。

而且，兰札博士及其同事首次展示了核移植技术可以用来逆转细胞的衰老过程，也可用来培育无排斥反应的组织（包括利用克隆细胞制造组织工程器官）。在职业生涯早期，他就阐明了利用在植入前基因诊断过程中所使用的技术，可以在不伤害胚胎的情况下，生成人类胚胎干细胞（hESC）。

兰札博士和其同事还成功诱导人类多能干细胞分化为视网膜细胞（RPE），并通过试验证明了这些视网膜细胞能长期性地改善接受试验的失明动物的视力。

据此，某些人类眼疾将可得到治疗，比如老年性黄斑变性和青少年性黄斑变性（这种眼疾会导致青少年和年轻成人失明，目前还无法治愈）。利用这种技术，兰札的公司刚在美国完成了两项"治疗退行性眼疾"的临床试验，并首次在欧洲进行多能干细胞试验。

2014年10月，兰札博士及同事在《柳叶刀》杂志上发表了一篇文章，首次提出证据，证明具有生物活性的多能干细胞可用来治疗各种类型的患者，且具有长期的安全性。

诱导胚胎干细胞获得的视网膜细胞被注入18名或患有青少年性黄斑变性或患有老年性黄斑变性的病人的眼部，之后研究团队持续跟踪研究这些患者长达3年，3年后的测试结果显示：较之前而言，半数患者能看到视力表的更多3行字母，视力的改善给他们的日常生活带来了质的改变。

对于这篇重要的论文，《华尔街日报》（*Wall Street Journal*）报道科学研究的记者高塔姆·奈克评论说："在过去的20年时间里，科学家一直都梦想着利用人类胚胎干细胞来治疗疾病。现在，这一天终于到来了……科学家已利用人类胚胎干细胞成功改善了严重的眼疾患者的视力。"

兰札博士及其身在韩国的同事首次报告了多能干细胞在亚洲患者身上具有的安全性和潜能。在临床试验中，诱导人类胚胎干细胞得到的视网膜细胞被移植到4名亚洲患者身上（其中两人患有老年性黄斑变性，另两人患有青少年性黄斑变性）。临床试验结果表明，移植细胞并没有带来安全问题。而且，其中3人看清了9到19个字母，另一患者的视敏度则保持稳定（多看清了1个字母）。这些临床试验结果证明了，诱导人类胚胎干细胞得到的分化后的细胞可成为组织的新来源，是再生医学的福音。

2009年，兰札博士与由金光洙带领的哈佛大学团队共同发表了一篇文章，描述了诱导多能干细胞的安全方法。此方法通过直接影响皮肤细胞的蛋白质的分泌，诱导皮肤细胞成为多能干细胞，避免了基因操作带来的潜在风险。利用这种新方法，科学家可以获得安全的、没有排斥反应的多能干细胞，这为进一步临床运用提供了坚实的保障。

鉴于其重要性，《自然》（*Nature*）杂志的编辑选择这篇关于蛋白质编程的文章作为当年的五大科研亮点之一。

《发现》杂志也评论道："兰札心无旁骛的探究引领我们走进了新时代，带来了全新的科学观点和突破性发现。"

兰札博士的研究成果令人瞩目，被世界上多家知名媒体报道，其中包括美国有线电视新闻网（CNN）、《时代》《新闻周刊》、《人物》杂志。此外，他的故事及其研究成果也多次出现在《纽约时报》、《华尔街日报》《华盛顿邮报》等报纸的头版中。

兰札博士曾与我们这个时代许多伟大的思想家和科学家共事，其中有诺贝尔奖得主杰拉尔德·埃德尔曼（Gerald Edelman）和罗德尼·波特（Rodney

Porter）、哈佛大学著名心理学家 B.F. 斯金纳（B.F.Skinner）、脊髓灰质炎疫苗的发现者乔纳斯·索尔克（Jonas Salk），以及心脏移植先驱克里斯蒂安·巴纳德（Christian Barnard）。

生物中心主义奠基人

2007 年，兰札博士一篇题为《宇宙新论》（*A New Theory of the Universe*）的文章被刊登在《美国学者》（*The American Scholar*，前沿学术杂志，曾发表过阿尔伯特·爱因斯坦、玛格丽特·米德、卡尔·萨根等著名学者的文章）杂志上。

他的理论把生物学置于其他学科之上，试图解决自然界的大谜题之一，即"万物理论"（Theory of Everything）。20 世纪以来，其他学科一直尝试着解答这个问题，但都没有获得令人满意的答案。兰札博士关于宇宙和存在的观点也被称为"生物中心主义"。

生物中心主义提出了一个新的观点：如果不考虑生命和意识，我们当前关于物质世界的理论是无效的，也绝不会使它有效。经过数十亿年无生命的物质过程之后，并非迟来的和次要结果的生命与意识，绝对是我们理解宇宙的基础。空间和时间不过是动物的某种感官活动，而不是外在的物理对象。

若是更全面地理解生物中心主义，我们便能破解主流科学的许多重大谜团，也能以全新的视角观察各种对象，包括微观世界，塑造了宇宙万物的各种各样的力、能量和法则。

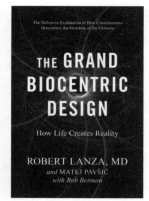

生命大设计系列书籍原版封面：（左起）

图 1：*Biocentrism-How Life and Consciousness are the Keys to Understanding the True Nature of the Universe*

图 2：*Beyond Biocentrism-Rethinking Time, Space, Consciousness and the Illusion of Death*

图 3：*The Grand Biocentric Design-How Life Creates Reality*

鲍勃·伯曼（Bob Berman）

鲍勃·伯曼是一位天文学家、作家、科普人。他在自己位于纽约伍德斯托克的家里设立了天文观测台。

鲍勃·伯曼

鲍勃·伯曼是《天文学》杂志的特约编辑，长期担任《老农民年历》（*Old Farmer's Almanac*）的科学编辑。他曾任《发现》杂志的特约编辑，曾在玛丽蒙特大学文理学院担任天文学副教授。他为 WAMC 东北公共广播（WAMC Northeast Public Radio）的《神奇宇宙》（*Strange Universe*）栏目创作了多篇文章，在 8 个州可以被收听到。

鲍勃·伯曼还曾担任哥伦比亚广播公司（CBS）《今晨》（*This Morning*）节目及《大卫·莱特曼深夜秀》（*Late Night with David Letterman*）节目的嘉宾，也曾任美国全国广播公司（NBC）《今日秀》（*Today Show*）节目的嘉宾。

鲍勃·伯曼是著名的、读者众多的天文学家之一，著有 8 本广受欢迎的书。他的上一部著作是《缩放：万物如何移动》（*Zoom：How Everything Moves*，利特尔与布朗出版社于 2014 年出版）。

BEYOND BIOCENTRISM
前　言

宇宙与观测者密不可分

当宇宙诞生出有意识的智慧生物后，你为什么还坚持说，宇宙自身并非有意识的智慧体呢？

西塞罗（Cicero，公元前 44 年）

自从人类文明诞生以来，最深刻的也是最让人头疼的问题一直都没怎么改变过。8 000 年前，人们就已对死亡忧心忡忡。古巴比伦人和我们一样，也对时间为何流逝之类的问题痴迷不已。身处不同文化背景的哲人们都思考过苍穹和大地，并普遍认为它们存在于一个以空间为基础的基体中。当人类的祖先森林古猿从树上移居到地面上后，脑容量进化大到足以承受相关思考时，生命的本质及意识问题就在人类的大脑中挥之不去了。

这些问题也正是科学关注的焦点。我们在第一本书中提供了一个看待宇宙和现实本身非常不同的视角，完全不同于我们已经习惯的那些理论的描述，需要较为深入的思考才能完全理解，因而我们写了这本书。

这种思维方式首先要求我们认识到，我们现有的现实模型在面对最近的一些科学发现时显得越来越不合时宜。科学以相当精确的数据告诉我们，

95%以上的宇宙是由暗物质和暗能量构成的，但我们必须坦承，我们并不知道暗物质是什么，对暗能量的了解甚至更少。科学越来越倾向于宇宙是无限的，却没有能力解释这到底意味着什么。而时间、空间，甚至因果律等名词，也越来越被证明没有意义。

所有的科学都是通过我们的意识建立在信息的基础之上的，但科学并不确定意识的本质是什么。研究已经反复证明，亚原子的状态和有意识的观察者的观察之间有明显的关联性，但是科学还无法对这种关联性做出令人满意的解释。生物学家把生命的起源描述为毫无生气的宇宙里发生的随机事件，但他们并不真正理解生命是如何开始的，或者为何宇宙看起来像是为了生命的出现而做了精心设计。

本书将提供一个全新的世界观，完全建立在科学基础之上，与传统解释相比，有更强有力的科学证据的支持。对于包括植物生物学、宇宙学、量子纠缠（Quantum Entanglement）和意识等多个领域的最新的科学发现和启示，我们是否有足够的接受力？本书将挑战这一能力。

只要对科学正在告知于我们的新发现、新启示做详细考察，我们就不难发现，越来越明显的倾向是，生命和意识是我们能够真正理解宇宙的基础。这种对宇宙本质的新看法叫作"生物中心主义"。

如果你已阅读过我们的第一本书，欢迎你回来，对这个话题进行更深入、更全面的探索。如果你没有阅读过这本书，也没有关系，本书会以娓娓道来的方式和你一起展开一段脑洞大开的思维之旅。本书的有些章节仅涉及一些具体问题，如死亡；有些章节则会针对一些特定的主题，如植物世界的意识、我们如何获取信息，以及机器是否有意识等，进行重要的辅助性研究。

BEYOND
BIOCENTRISM

目　录

第 1 章

宇宙大图景

对我来说，确保你我此刻还活着，就已经足够了。

加夫列尔·加西亚·马尔克斯（Gabriel Garci'a Marquez）
《百年孤独》（*One Hundred Years of Solitude*，1967 年出版）

大多数 7 岁左右的孩子会问一些令人不安的问题，比如，宇宙会终结吗？我是怎么来到这个世界上的？有些孩子也许会在一只作为宠物的仓鼠死了以后，也开始担心起自己的死亡问题来了。

有些孩子的问题甚至问得更为深入。他们知道自己似乎已经进入一个复杂而又神秘的世界里了，但仍然可以偶尔回忆起在生命的第一年里获得的澄净而欢乐的零星片段。但当他们进入初中和高中被科学老师提供了关于宇宙的标准解释后，那些记忆的片段便被一股脑儿地丢到爪哇国去了。"对存在的解释框架"（The Framework of Existence）已成为学术争论的焦点，或是一个纯粹的哲学问题。成年人有时也会思考这个问题，但问题是，他们的整个宇宙观似乎是混乱的，而且并不是那么令他们自己满意。

宇宙大爆炸模型

在人类发展的长河中，这些问题被一再提出，人们也对其展开了种种探究，特定时期的宇宙观最终也总是会被大众所接受。数个世纪以前，《圣经》

（*Bible*）和教会为宇宙大图景（Big Picture）提供了解释框架。到了19世纪30年代，《圣经》对宇宙的解释在知识界已不再流行，最终取而代之的是宇宙大爆炸模型。根据这一模型，宇宙的形成是从一次突然的大爆炸开始的。这与埃德加·爱伦·坡（Edgar Allan Poe）早在1848年发表的一篇文章中提出的观点颇为相似。

在这个模型中，宇宙被描绘为一种自动运行的机器，是由一些非智慧物质，即没有内在智力的氢和其他元素的原子构成的。宇宙中也不存在任何形式的外在智能法则。更确切地说，像重力、电磁力这些看不见的力，随机性发生作用，并产生我们观察到的一切。原子经过相互之间猛烈的撞击而发生聚变，氢云被压缩成恒星，剩余的环绕着新生恒星运行的密集物质在冷却后形成行星。

宇宙一直被设定为"自动运行"状态，数亿年无生命的时间就这样消逝了，直到有一天，至少在一颗行星上，或者在其他星球上也有可能，生命诞生了。这个过程是如何发生的呢？对我们的科学来说，这仍然是未解之谜。毕竟，虽然我们可以把已知的蛋白质、无机盐、水和其他所有生物体内包含的一切物质放进搅拌机里，无限期地搅拌下去，但生命并不会因此诞生。

酵母菌和艾滋病毒是活的，但它们有意识吗？

如果说生命的起源仍然是一个谜，那么意识就是一个更加难解的谜。我们认为属于生命的任何除了意识之外的特征，如生长和繁殖是一回事，而意识是另外一回事。它们是截然不同的。酵母菌和艾滋病病毒是活的，但它们有意识吗？当黄昏的天空变成深紫色时，是否其他生物都会和人类一样，产生愉悦的感觉？

这个问题已超出了学术研究的范畴。在将近一个世纪的时间里，物理学家已经发现，观察者的意识会影响实验的结果。然而，这一发现带来的仅仅是更强烈的高深莫测、困惑难解之感。

至于意识最初是如何出现的，没有人能够猜得出来，更不消说去证明了。我们想象不出，碳、水或无生命的氢原子结合在一起后，如何获得嗅觉？这个问题显然太令人抓狂了，简直无法回答。哪怕只是提起意识的起源问题，都可能会被贴上"疯子"的标签。尽管《大英百科全书》（*Encyclopedia Britannica*）前出版商保罗·霍夫曼（Paul Hoffman）称之为"所有科学问题中最深刻的一个"，但是，通常在严肃的场合讨论这个问题听起来非常古怪，而且与气氛不符。尽管如此，我们稍后还是会详细探讨意识的问题。现在，只需了解这一点便足够了：意识的起源问题，绝对像美国新泽西州收费高速公路附近的垃圾填埋场里究竟有多少垃圾一样，笼罩在一片迷雾中。

所以，生命体和无生命物质的有趣结合构成了宇宙的标准模型，两者都是宇宙的组成部分。宇宙学解释道，大约在 138 亿年前，宇宙从虚无中突然迸发出来，并且直到现在，依然在不断地膨胀之中（如图 1-1 所示）。

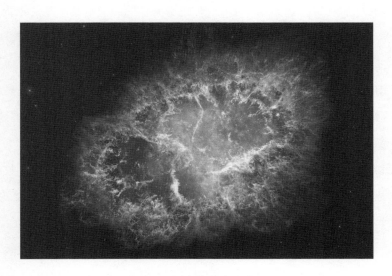

图 1-1　不断膨胀中的宇宙

这是每个人都听到过的故事。在全世界的学校里，老师都是这样教学生的。然而，每个人都可以感受到，这种描述是多么空洞，多么令人无法信服的。这不仅是因为在日常生活的经验中，我们不曾观察到小猫或园林工具能从虚无中神奇地诞生，而且还因为这个解释不够深入。简而言之，即使这个故事是真实的，"神奇物化"的过程还是无法得到解释。

所以，还是让我们后退一步，对我们的已知和未知保持严肃的诚实。我们可以从毫无争议的真理开始，就像勒内·笛卡尔（Rene Descartes）说"我思故我在"时所做的那样。科学告诉我们，人类是46.5亿年前在第三代恒星附近的一个行星里诞生的最古老的原核生物的后裔。对现代社会中的许多人来说，这似乎已是确凿的事实。但是，我们还可以从一个更加不容置辩的起点开始：在一个我们称之为"宇宙"的无意识的母体中，我们发现自己是有意识的。

新奇宇宙模型走入死胡同

我们一直在努力找寻对"存在"的理解并试图弄清楚其来龙去脉，当发现神学不能合理解释时，我们就会转向科学。但科研人员再次阐述道，宇宙是通过某一未知的过程从虚无中迸发出来的。对于生命的起源问题，他们能够给出的解释同样令人费解。比如，生命体现个体意识，而意识本身是神秘的。这就是科学对正在发生的事情所做出的解释。所以这也难怪在很多地方，人们觉得此类解释并不比过去神学的解释高明多少。

此处并没有任何指责科学的意思。在天文望远镜的视域范围内，我们只能观察到远低于百万亿分之一的宇宙。甚至这也只是宇宙实际大小的一小部分，因为宇宙的大部分还是未知的，我们获取的样本大小是如此微不足道的。此外，越来越多的证据表明，宇宙的空间可能是无限的（更多内容请参阅第18章）。这意味着宇宙的"库存"清单也是无限的。在这种情况下，视域范围内的一切相对于整个宇宙来说，实际上就是无限接近于零，就像任何数字除以无穷大一样，结果都会接近于零。问题在于，诚实地说，我们目前掌握的数据太微不足道了，不允许我们进行有效的概括；样本也太小，根本不值得我们信赖。

可悲的是，这一事实很少（如果有过的话）被承认，特别是在电视的科学频道上。如果承认某一观点缺乏证据，就会因为得不到商业赞助而导致节目"死气沉沉"。

然而，事实上，最近我们发现，宇宙的大部分是由暗物质构成的，但我们不知道暗物质是什么。之后，我们又发现，宇宙中充满了暗能量，但我们也不知道暗能量是什么。暗能量的存在之所以被提出，是因为在 1998 年，我们发现，通常认为的以逐渐放慢的速度膨胀着的宇宙，事实上正在不可思议地加速膨胀。很显然，暗能量似乎具有某种类似于反引力的作用，不断将宇宙推向更远处，从而促使宇宙加速膨胀。

我们也不清楚，生命的自我复制究竟是如何开始的。再者，我们发现自己身处一个对生命来说恰到好处的宇宙。但除了假定我们是无限的广袤的宇宙中的幸运儿之外，我们并不清楚个中原委。

鉴于确凿数据的严重缺乏，宇宙学家试图通过对宇宙起始条件和中间事件的猜测来增强模型的可信度。如果人们压根不把这些模型当回事，或者将之仅视为初始模型，问题就依然不能得到解决。

21 世纪初，那些充斥着新奇概念的宇宙模型，即使在缺乏证据支持的情况下仍然试图描绘宇宙的大图景。科学地讲，宇宙弦和宇宙膜之类的概念是无法验证的，它们既不能被证实，亦无法被证伪。几乎可以肯定的是，在我们的有生之年，它们会被摒弃或遭到大幅度修改，取而代之的是其他最终也会被摒弃的模型，正如 1998 年的"宇宙加速膨胀"理论取代 1997 年的"宇宙减缓膨胀"理论一样。

因此，对于 7 岁孩童提出的问题，如果我们足够诚实地回答，就等于承认了当前的科学尚无法解释关于"存在"方面的最简单的问题。真实的情况是，当宇宙学家谈到"2.73K 宇宙微波背景辐射"[①] 和"138 亿年前的

---

① 宇宙背景辐射是来自宇宙空间背景上的各向同性，或者黑体形式与各向异性的微波辐射，也称为微波背景辐射，特征是和绝对温标 2.725K 的黑体辐射相同，频率属于微波范围。目前的看法认为，背景辐射起源于热宇宙的早期。这是对宇宙大爆炸模型的强有力支持。

大爆炸"时，那些带有小数点的看似精确的数字，营造出了十分逼真的可信度。而后，人们反复陈述这些模型，这种重复本身强化了模型的真实感，但这并不意味着，它们就是无可置辩的真实存在。

令人高兴的是，以上所有针对现有描述的悲观回顾似乎并非故事的结局。这实际上仅仅是一个开端，因为存在可以解释这一切的备选模型。

对宇宙图景更清晰的描绘

现代宇宙学在尝试解释宇宙时一直存在着古怪的疏忽：人们谨慎地将生命体与宇宙的其他部分割裂开来。这是对生命和宇宙其他部分的割裂。这迫使我们接受二分法。因而，备选模型是必要的。

在世界的此处，存在着具有生命的我们。同时，我们也是周围一切的感知者。在世界的彼处，则潜藏着完全沉默的宇宙，并通过随机过程封闭着自己。

但如果二者存在联系，会怎样？如果整个无知觉的模型，因为把所有东西放在一起而突然有了意义，又会怎样？如果宇宙—大自然和感知者并不是独立的实体，会怎样？要是一加一等于……一！又会怎样？实际上，如果 20 世纪的科学发现能够将我们导向这个方向，而我们也能以足够豁达的心态接纳这一新思想的话，一切又会怎样？

事实上，线索源源不断地涌来。2015 年 2 月，《纽约时报》刊载了一篇题为《量子之奇异性》(*Quantum Weirdness*) 的文章，其副标题为：新的实验证实，大自然既不在此处，也不在彼处。然而，无论是显然迷惑不解的作者，还是各位读者，多半会对自己笑笑说：当然了，这是因为大自然确实既在此处又在彼处！但当你试图把它只定位在其中一处时，最终得到的只能是悖论和不合逻辑的结论。

几乎在 1 个世纪以前，量子理论就已发现，意识和粒子的状态之间存在着联系。然而我们要么忽视了这一点，要么提出了各种令人眼花缭乱的解释，这其中就包括对无限数量的平行宇宙的解释。

实际上，探究真实所在是一种快乐的体验。这需要我们沿着 21 世纪最有趣的科学概念在如同迷宫般的走廊中漫步，并重新检视已有的概念，以探究那些令人震惊的问题（比如时间和空间、大脑是如何工作的之类的问题）。即使那仅仅是一次漫无目的的消遣，或者一次周末的闲逛，也一定会是愉快的旅行。

不过，就像我们将会看到的那样，无论是对宇宙图景试图进行更清晰地描绘的过程，还是这一旅程的目的地本身，都会令人大开眼界，并充满乐趣。

第 2 章

探索人类在宇宙中的位置

我们所惧怕的生命消逝的那天，实则为永恒的开端。

卢修斯·阿纳尤斯·塞内加（Lucius Annaeus Seneca）

《短暂的生命》（*De Brevitate Vitae*，约公元 48 年）

在试图回答关于我们自身和宇宙的基本问题时，人们通常会求助于科学的宇宙观，也有一些人固执地抱着宗教观不放，而那些发现两条路都走不通的人则会考虑走第三条路。这条新的道路并非放弃科学，而是要利用 1997 年以来发表的科学发现展开研究，并重新检视之前的研究。

现代人的思考并不比古人深刻多少

在转入这个新的研究方式之前，我们还是先来看看古往今来伟大的思想家都提出过哪些看法，这会对我们有所裨益。倘若前已有之，我们就无须重新摸索了。

这将要求我们克服各种偏见。更确切地说，我们经常条件反射似的认为，活在当下的人们，要比生活在从前的人能更好地把握深层次的问题。我们的依据是，我们拥有先进的科学技术。1 个世纪以前，那些可怜的笨汉还过着没有室内水管装置，也没有空调的苦日子，怎么可能有人在潮湿闷热的床上，一面挥汗如雨且被嗡嗡叫的蚊子四面夹攻，一面在头脑里进行深刻的

9

思考呢？他们怎么可能在每天早上从窗户向外扔出前一天晚上的垃圾时，产生出深邃的思想呢？

因此，18 或 19 世纪的人在当时的课堂上会学习到涉及广阔领域的人类通识性知识，而现在的学习人类学的学生如果了解到，那些人当时学习到的那些知识竟会遭到现代人的鄙视的话，那些学生也许会感到很惊讶。但是，如果我们因此说 21 世纪的青少年比他们 19 世纪的同龄人掌握的知识更多，那是不正确的，因为两者只不过是掌握的知识不同而已。

在 1830 年的时候，每一个在农场长大的男孩子都清楚地知道一周之内日出和日落方位的变化，还可以识别不同的鸟鸣声和当地动物的详细习性。相比之下，生活在今天的我们或家庭成员，很少会有人哪怕隐约地意识到，当太阳每天穿过天空时会向右发生偏移。承认自己对诸如"天空为何是蓝色的"之类的常识性知识都一无所知，这在 19 世纪是难以置信的事。

可以肯定地说，无论是现在还是过去，都存在"所有人都无法理解某个领域的知识"的事。例如，人类证明了自己长期以来缺乏预见未来的能力，我们甚至不能预见未来几十年的状况。无论是古希腊的天才们、全球文学界的伟大作家们还是任何宗教文本，都从未暗示过存在着眼睛看不到的微生物，更遑论引发人类大部分疾病并困扰着我们的细菌了。虽然尼安德特人发现了 5 大行星，但直到 1781 年，人们才意识到还存在其他行星。几个世纪前人们才知道，血液是在身体里循环着的，我们呼吸的空气是混合物而不是一种纯净物。因而，那些用来歌颂古代精准预言的空话，无论是出自新时代还是宗教界，都会让人不屑一顾。

在现代，我们所做的比古代也好不了多少。未来派艺术家在协助布置 1964 年的纽约世界博览会时，把 2000 年的普通家庭描绘成拥有飞行汽车和个人机器人的动人场景。在通俗文学和电影中，1968 年的经典电影《2001 太空漫游》（*2001: A Space Odyssey*）向人们展现了 2000 年时月球殖民地上的情景，以及几年后人类的一次木星之旅。1982 年拍摄的电影《银翼杀手》（*Blade Runner*）广受大众喜爱，其中描绘了 2019 年的洛杉矶：天空一直不停地下雨。这是在暗示加利福尼亚州的气候变化,加利福尼亚州将从一个干旱地区变成长期潮湿的地区。此外,在该电影中,洛杉矶塞满了摩天大楼和飞行的警车。嬉皮士时代的未来主义者没有预见到今天无处不在的手机和刺青。

问题的关键是,我们目前的洞察力水平似乎并不比几个世纪前更强,但也不比之前更弱。当我们思考自己在宇宙中的位置这个问题时,我们的祖先至少和我们思考这个问题时一样着迷。因此,鉴于曾经活着的人多数已不在人世,忽视他们的真知灼见是一种错误。

不要假设我们的祖先非常落后且不能进行深刻的思考,也不要走向反面,把过去的文明看作是与自然同步的超自然力而顶礼膜拜。还是让我们来看看真实的书面记录吧。

天上"大火球"为何总是东升西落?

我们没有必要总结每个文明的基本信念。当然,如果我们回顾西半球在7 000 年前,甚至在车轮发明之前的历史,就不难发现,人类的世界观一贯受制于对时间的认知。

最早的文字表明,人们对通过观察或推理来揭示大自然的奥秘并不感兴趣。相反,人们大都被魔法和迷信所左右。在笔者读过的文献中提到,一位作家发现了 4 700 年前的原始象形文字,这些文字被刻在埃及塞加拉(Saqqar)荒凉的乌纳斯(Unas)金字塔地下墓室的墙上。2006 年,考察队员发现,那些符号并没有反映深刻的思想。

这些文字是具有"母蛇"特色的魔法符咒。

在埃及,有文字记载的历史可以上溯到公元前 2700 年,但在这之后的1 000 年里,在让位于真正的思想之前,文字主要记载的是诸如咒语、粮食统计,以及法老及其家族冗杂的日常琐事等。最古老的宗教文本来自公元前1700 年左右的梵文诗歌集《梨俱吠陀》(*Rig Veda*)。在思考"太阳神的光辉

11

力量"时，书中用诗一般的语言写道："晚上和早上不冲突，（神）也不逗留。"言外之意是：这就是奇迹。

1 000 年后，当《旧约》出现时，拉比①们以"地球是平的"且固定静止的思维方式，及时地在《创世记》和《申命记》中填补了地上凡人和天上的神之间有严格的分界线之说。没有人想去弄清楚大自然是如何运行的。诚然，激起现代人好奇心的事物，如生命的本质、时间、意识和大脑的功能机制等，都似乎难以进入早期的文明。当时的普通人每日的首要任务是生存，其次就是根据《圣经》行事，以免受到上帝的惩罚。争论像"空间是否真实"这样的问题，从未被纳入议事日程。

当时，日常生活中的主要照明来自太阳和月亮。为了确保得到每个人的关注，它们不停地变换着位置，每天重复着这个盛大的演出。尽管古代的知识分子没有任何意愿去解释周围的自然世界，但他们也无法忽略在生活的方方面面都如此重要的东西——光。因此，在《创世记》的开头几行，他们强调了这个话题。在《圣经》开篇的头 100 个单词中，就有 8 个单词涉及"黑暗"或"光"。（他们可能已经意识到了什么。我们会看到，在我们现在的探索中，光或者至少是能量，的确是现实谜团中的一个中心问题。）

在那个时代，没有人能够理解宇宙的实际结构，也没有人清楚我们是如何感知它的，或者一切是如何联系在一起的，因为没有足够的信息。就像现在一样，人们不愿讨论任何找不到答案的话题。但是，如果事情重复发生，就要另当别论。重复能唤醒我们的智力，我们的大脑对模式很敏感。我们愿意把一些模式与其他模式相联系。如果连续 6 个晚上，电话都是在我们刚坐下准备吃晚餐的时候响起，这肯定会引起我们的注意。

最突出的模式与那个炫目的火球有关。它总是从左到右穿过天空，而且一如既往、始终不渝地从东方升起。很显然，太阳就是神祇中的一个，它高深莫测，不可理解。探索它的奥秘肯定是不可能完成的任务。

---

① 拉比（Rabbi），有时也写为"辣彼"，犹太人中的一个特别阶层，是老师也是智者的象征。

地球之上的另一个平行的神圣之地

然而，大约公元前 6 世纪，在希腊一些阳光明媚的岛屿上，"把事情搞明白"成为人们优先考虑的事情。更为重要的一点是，这为我们对"人类在宇宙中的位置"问题进行切实思考开启了大门。之所以发生这些，是因为理性与魔法第一次展开了对抗。观察和逻辑总算得到了重视。

逻辑涉及因果顺序。A 导致 B，然后 B 导致 C。因为一棵橄榄树倒了，正好砸在一顶羊棚上。羊棚塌了，一只山羊被砸死了，大家都从田里跑过来看。这棵树是被风刮倒的，这种情况通常发生在风吹得最猛烈的中午。村里一个聪明的男人把 A 和 C 联系起来，说出了内心的疑惑：也许，头顶灼热的太阳就是风的始作俑者？嘿，这太有趣了，他的发现把太阳和一只山羊的死联系了起来。希腊人爱上了这个新发现的工具——逻辑。

早期的希腊人步入了正确的轨道，但作为第一批真正的科学实践者，他们很快就遇到了瓶颈。在 2 000 年后的 17 世纪早期，意大利物理学家埃万杰利斯塔·托里拆利（Evangelista Torricelli）确实解释过为什么会刮风，而且风确实与太阳有关。不过，古希腊人的生活中不能没有神，于是，他们的科学思维受到了阻碍。所以，为什么西风之神泽费罗斯（Zephyrus）有时候选择吹风，有时候又选择不吹风了呢？村民们会耸耸肩，说，诸神可能有他们自己的神秘原因吧。

如果山羊死了，很显然是泽费罗斯因为牧羊人的罪过而惩罚了他。猜测牧羊人犯了什么罪，甚至成为邻里八卦最受欢迎的话题。背叛神的意旨总是一个不错的答案，尽管傲慢之罪也常被怀疑。你无法理解神的动机，所以，为什么要试图搞明白呢？特别是对事情发生的"根本原因"，人们很难定论。

然而，即使因果逻辑迅速土崩瓦解，早期的希腊人也没有放弃思考，这一点很令人钦佩。古人要处理"似真"（Verisimilitude）问题，即使是今天的科学，特别是像我们后面将要探讨的量子理论实验，也无一例外地要面对这

——— 亚里士多德 ———

《物理学》第四章

如果除了意识或意识的理性而外没有别的事物能实行计数的行动，那么，如果没有意识的话，也就不可能有时间，而只有作为时间存在的基础的运动存在了（我们想象运动是能脱离意识而存在的）。

个问题。"似真"是一个美妙的词语，意思是"真理的外衣"。

有些事情看上去像真的，可能它们确实是真的，但有些则可能不是。当太阳穿过天空时，地球保持一动不动。这个说法似乎是真的，但只是"似真"，是表面看起来的真理。这个说法今天听起来仍然似乎是真的，因为我们说"太阳落山"而不是"地平线上升"。萨摩斯岛上的阿利斯塔克（Aristarchus）坚持认为，太阳是静止的，而地球是在绕日旋转。这种解释不仅与他自己观察到的现象一致，而且更符合逻辑，因为较小的天体应该围绕着较大的天体旋转才对。这个认识在当时可谓惊人的飞跃。

当我们也要为日常现象选择不同的解读方式时，请努力记住"似真"问题。

与此同时，亚里士多德在他开创性的《物理学》（*Physics*）一书中认为，宇宙是一个单一的实体，万物之间有着基本的联系，宇宙是永恒的。在公元前 4 世纪，他坚决主张不必拘泥于因果关系，因为一切事物已经生机勃勃并且有内在的活力或能量，宇宙没有起点。事实上，当时的环境对亚里士多德宣扬自己的观点极为不利，因为在他出场之前，唯我论已经拥有了许多信徒。

亚里士多德没有放弃自己的主张。在《物理学》第四章中，他坚持认为，时间不是独立存在的。只有人存在的地方，时间才会存在。通过观察，人们把时间带入存在之中。这与现代量子实验的结论非常相似。如今，没有一个物理学家会认为，时间是"绝对的"，或者亘古不变地独立存在。

当然，无论是亚里士多德、柏拉图还是阿利斯塔克，都未能放弃二分法。也就是说，他们依旧认为，我们凡人在下面的地球上生存，而在我们之上，有另外一个平行的神圣之地存在，是为神的居所。

东方文明的非二元论宇宙

但是在东方，情况截然不同。甚至在保留了希腊诸神（尽管用了新名字）的罗马帝国诞生之前，南亚哲学派的某个主要分支的思想已被编纂在《薄伽梵歌》（*Bhagavad Gita*）和《吠陀经》（*Vedas*）等文献中，其中提到的对现实世界的描绘模型很快就以"吠檀多"（Advaita Ved ā nta）之名为人所知，而这个模型与西方人的世界观存在着惊人的差异。

与亚里士多德一样，吠檀多也认为宇宙是一个单一的实体，被称为婆罗门（Brahmin）。但与希腊人不同的是，这个"一"包含了神圣，以及每个人个体的自我意识。它坚持认为，所有二分法或分离的表象仅仅是幻象，就像一根绳子被误认为是条蛇一样。吠檀多还将这个"一"描述为诞生和死亡，意识、存在感和幸福是其中的根本体验。

此外，吠檀多教士断言，生活是为了实现这样的目标：不是对神的安抚的盲从，不是对神职人员的奉献，甚至也不是对来世的关心，而仅仅是全面把握现实世界的觉悟。后来，深受吠檀多派影响的宗教流派，如佛教（Buddhism）和耆那教（Jainism），都保留了这些基本教义。如今，人们对于世界的看法仍然从根本上可分为两大基本阵营：西方派和东方派，前者是二元论的，后者是非二元论的，这种划分已经存在一千多年了。

东方的一些宗教认为，某些人在经过长时间的教化后，可以定期享受"豁然开朗"的体验。当他们猛然清醒时，他们发现了真理，就会进入一种狂喜状态，从而获得自由感。

19 世纪末，一些有影响力且善于表达的印度行者到西方访问，如尤迦南达（Paramahansa Yogananda）、斯瓦米·维威卡南达（Swami Vivekananda）等，受此鼓动，一些西方国家掀起了东方宗教热潮。最近的狄巴克·乔布拉（Deepak Chopra）同样也在美国广受欢迎。

20 世纪 40 年代，尤迦南达通过其畅销书《一个瑜伽行者的自传》（*Autobiography of a Yogi*），试图借科学之名证明东方宇宙观的正确性。大多数人认为，这种努力听上去有些哗众取宠的意味，科学论证本不应这样吸人眼球，他们可能只会说服那些已经"在船上"的人。

但探索本身是高尚的。如果一个人在寻求关于真实、人的本质或人在宇宙中的位置等方面的知识时，并没有精神的召唤，那会是怎么样的呢？如果他只要求基于事实的证据，又会怎样？这些深层次的问题能够仅仅依靠科学便得以彻底解决吗？

这就是我们的"六万四千美元问题"①，也是我们探索之旅的真正起点。

---

①六万四千美元问题，来源于 1955 年美国 CBS 的电视节目《六万四千美元问答》，节目参与人只要正确回答主持人提出的所有 7 个问题，就可获得六万四千美元的奖金，由此引申出的"六万四千美元问题"便是极为重要的问题了。

第 3 章

时间的箭头

一切都是变化的；一切都会弃而离之。

欧里庇得斯（Euripides，希腊三大悲剧大师之一）

无论人们相信的是哪一种关于宇宙大图景的描述，时间似乎都在其中扮演着关键角色。的确，我们业已构建的存在模式完全依赖于时间。如果不理解时间本身，那些关于宇宙图景的描述就既不能被肯定，也无法被否定。因此，我们必须首先弄清楚时间的本质。

时间是一种概念，还是一种存在？

时间不仅仅是一个哲学问题，还是知觉的核心，也是居于观察者与被观察的自然之间的支点。当然，我们在日常生活中时常要用到时间。我们安排约会时，期盼度假时，甚至有些人在担心来世时，都会把时间因素考虑在内。如果说人和动物之间存在着显著的差别的话，那肯定不是体现在我们怕不怕吸尘器的问题上，而是体现在我们对时间的痴迷上。

在某种程度上说，我们平常所说的时间是真实的，这一点几无疑义。汽车的全球卫星定位系统（GPS）提示，如果沿着当前的公路行驶，我们约在 3 小时 48 分后到达克利夫兰，果不其然。不仅事情是这样发生的，而且，在我们体内和地球别的什么地方发生的不计其数的其他事件，也证明了时间的真实存在。

然而，只要仔细斟酌，我们就不难发现，就像是新年前夜的午夜时分究竟发生了什么一样，这个已经达成了共识的时间区隔，依然无形，疑点重重。

时间问题已经折磨哲学家们数千年之久，而这种折磨还在继续。令人高兴的是，我们将要展开的讨论并不像中东问题那么复杂，因为时间问题只涉及两种不同的观点。

一种是包括艾萨克·牛顿（Isaac Newton）这个著名的聪明人在内的许多人所持的观点。牛顿认为，时间是宇宙基本结构的一部分，真实是时间固有的性质。因此，时间有自己的维度，独立于事件之外，并在自己的范围内按顺序独立运行。这可能是大多数人对时间的认识。

另外一些聪明人，如伊曼努尔·康德（Immanuel Kant），则持相反的观点。长期以来，他们主张，时间并非实际存在的实体。时间不是一个各种事件在其间"移动穿过"（Move Through）的"容器"。该观点认为，不存在时间流。相反，时间是人类作为观察者所设计的框架，用于为盘桓在人们心中的庞大而错综复杂的信息构建组织和结构。

若后一种观点是正确的，即时间只是一种沿着我们的编码系统运行，或者按照我们在空间上整理物品秩序的方式，所构建的认知结构的话，肯定不能被"移动穿过"，也不能自行测量。

这就意味着钟表不能决定时间的长短，也不能记录时间。当标明时间的一个数字被另一个数字所替换，或者钟表盘上的分针再一次指向这里或那里时，它们提供的仅仅是均等的事件间隔。在这些事件发生期间，其他真实可信的有节奏的事件也在其他地方进行。当然，每一个"滴答"之间的长度是任意的，是人们协商约定的，而不是依据某种自然法则进行的。

这种用"滴答"计时的想法始于人们对太阳变化的观察。那时的人比现代人有更多的户外活动时间。早在 6 000 年前，古苏美尔人和古巴比伦人就首先使用了年、月、日的概念。不久之后，古代印度人又定义了更具体的时间单位，如 "kdla"（相当于 144 秒）。

印度人创造了各种各样令人眼花缭乱的时间单位。在他们的时间谱系的两端，时间的单位非常极端，实际上既不实用，也难以理解。这其中就包括 "paramanu"，其长度约为百万分之十七秒。还有 "Maha-Manvantara"，其长度为 311.04 万亿年。这种极小或极大的时间单位与印度人的创世和末日神话有关。在印度神话中，宇宙经历着人类的光明时期与黑暗时期的交替循环，每一次循环都被称为一个 "周期"（Yuga）。

时间更为实用的一点是，古代的农耕生活有赖于对季节的推算。在玛雅（Maya）文明中，对季节循环的推算精准度相当惊人。对于比日和月更小的时间单位的记录逐渐进入人们的日常生活。人们先是发明了滴水和沙漏装置，后来，伽利略·伽利雷（Galileo Galilei）发现了钟摆效应。1582 年，伽利略注意到了比萨教堂里一盏悬挂在长链下的灯的摆动，不论它摆动的幅度有多大或多小，都是在按相同的时间周期摆动。直到 1602 年，伽利略才依据已有些模糊的记忆记录了这一发现。孩子们在荡秋千时也会体验到这种效应。当父母推动孩子的秋千时，不论用力是大是小，秋千从一端摆动到另一端所用的时间周期是一样的。即使孩子只是安静地坐着，自己稍微摇荡一下秋千，其周期也是一样的。

这种摆动周期基本是由链子的长度决定的，这一特性被称为等时性（Isochronism）。一条约 1 米长的链子或绳子对应着来回 2 秒的摆动时间。等时性原理不久之后被应用在落地式大摆钟上，这些钟的金属摆长刚刚超过 1.8 米，所以钟摆可以精确到几乎 1 秒摆动一次。

17 世纪下半叶，平衡弹簧表的发明使便携式计时器产生了飞跃。这要感谢罗伯特·胡克（Robert Hooke）和克里斯蒂安·惠更斯（Christiaan Huygens）在研究上取得的突破[1]。1880 年，居里（Curie）兄弟、雅克（Jacques）和皮埃尔（Pierre）发现，如果将石英晶体切割成特定的尺寸和形状，然后

---

[1] 惠更斯在 1673 年开始了他关于简谐振动的研究，并设计出由弹簧而非钟摆来校准时间的钟表，由此引发了他与胡克的优先权之争。

施加一个很小的电压，就能产生每秒 32 768 次的精准振荡。这个数值是
2^{15}。在此之后，钟表的精确度得到了极大的提高。利用电子电路可以轻易
地累加这些振荡，从而得到均等的秒间隔，这最终催生了精确的便携式计
时器。今天仍在使用的廉价石英机芯发明于 1969 年。现在，每个人都能在
"准确的时间"上达成共识，这为繁忙的现代社会中人们安排约会或行程等
提供了便利。

尽管如此，钟摆效应、机械平衡梁振荡和石英振动等事实，仍然没有证
实时间的真实存在。它们仅仅提供了定期重复运动的证据。人们可以把一些
重复运动的事件与另外一些事件联系起来观察。例如，人们注意到，当落地
式大摆钟摆动 1 800 次时，一根蜡烛燃烧掉了约 3 厘米，地球转过了 1/48 圈。
当然，人们可以把以上提到的这些事件中逝去的时间统称为"半小时"，但
这并不意味着，这样的时间段就像西瓜那样，是独立存在的实体。

引力场中的时间扭曲

相对于其他事件来说，人们发现有些事件开始展开的时间会比以前更
快，这使得整个事情突然变得非常古怪。阿尔伯特·爱因斯坦分别于 1905
年和 1915 年，将其新奇怪异但还勉强符合逻辑的思想纳入他的狭义相对论
和广义相对论中，事情变得更加令人困惑。在他的理论中，爱因斯坦阐述并
解释了在过去的几十年中，乔治·菲茨杰拉德（George FitzGerald）和亨德
里克·洛伦兹（Hendrik Lorentz）所指出的那些悖论和稀奇古怪之事。

简而言之，一个完全意想不到的事情出现了：即使时间是一个实际存
在的实体，也不可能像光速或重力那样是一个常量。时间会以不同的速度
流逝。引力场的存在会延缓时间的流逝，就像物体在做高速运动时发生的
情形那样。

我们不可能直接感觉到这种时间的延缓，因为上高中时我们就知道，每
个人都身处同一个引力场之中。即使我们在最狂野的少年时期开车出去兜

风时，大家也从未将车加速到超过光速的八百万分之一。当物体以光速的
87% 运动时，时间流逝的速率才减少一半。目前，地面上车辆的行驶速度
引起的时间延缓还远不能被直接体验到，因而时间的延缓更多地要靠人类的
智慧去发现。

宇航员在这方面的体验要深刻得多。实际上，当他们以光速的 1/26 000
绕轨道运行时，他们能使用精密的钟表测量出时间的延缓值，但这也带来
了一个很少被讨论的难题。虽然宇航员的运动速度更快，但与地球表面相
比，飞船轨道上的引力较弱，从而产生了负效应，这加速了时间的流逝速度。
事实证明，宇航员的高速运动也给他们带来了好处，那就是他们比地球上
的人衰老得要慢。

宇航员所在的位置必须比国际空间站的轨道高 8 倍，或者说，只有在
位于地球表面上空约 3 218 千米处时，才能使引力的减弱恰好平衡减慢的
轨道速度，也才能使他们与地球上的人们衰老的速度保持一致。在更远一
些的地方，比如月球上的钟表走得比休斯敦地面指挥中心的要快。不过，
"阿波罗"号飞船上的宇航员可并未从社会保障福利中拿到任何关于提早
变老的补偿。

我们之所以对这些时间扭曲（Time Warping）现象做出如此细致的区分，
并不是想把时间问题复杂化，也不只是出于学术研究的目的，而是因为，它
们对现实有着重要的意义。如果不对各种各样的时间扭曲效应进行持续修正
的话，GPS 卫星根本无法工作（图 3-1）。接收来自每个卫星的精确的时间
信号是 GPS 系统的核心工作，任何设备或接收器出现时间流逝速度上的偏差，
都会导致 GPS 系统无法正常运转。

你是一个真正关心此类技术细节或物理问题的"极客"吗？如果是，不
妨先来考虑以下时间扭曲方面的诸多问题，这些问题都是人们在探究时间测
量技术时发现的。

问题一：卫星以 14 000 千米/时的速度运行，其钟表变慢了。

图 3-1　围绕地球运行的 GPS 卫星

问题二：卫星远离地球时，处于减弱的引力场中，与地面相比，其钟表变快了。

问题三：由于地面上的 GPS 用户通常与地心的距离不同（比如，高海拔的丹佛与低海拔的迈阿密），因此，这会导致时间流逝的速度不同。

问题四：由于地球表面不同纬度地区的自转速度不同，因此，这使地面上不同位置处的时间流逝速度无法保持一致。这被称作萨格纳克效应（Sagnac Effect）。

问题五：对所有地球上的观察者来说，时间跑得要慢（与任何未来的月球殖民者相比），因为我们这个星球是以 1 674 千米 / 时的速度在自转（离赤道越远，则速度越低）。

问题六：因为卫星的轨道略呈椭圆形，卫星上的时间变化会忽快忽慢。再加上地球的赤道膨胀等原因导致的地球引力场的不规则，会使卫星上的时间变化的误差进一步放大。因而，卫星上的时间流逝速度是不断变化的，有时加快，有时减慢。

总之，以上六种基于爱因斯坦理论的时间扭曲问题都会影响 GPS 接收器上的钟表运行速度，而以上一半的问题会影响卫星上的钟表运行速度。所有这些钟表必须得到准确而又持续的修正。任何时间上的不一致都会极大地破坏系统的准确度。

我们要永远记住：我们不是在谈论一个叫作时间的真实实体的扭曲。我们注意到的只是，相对于其他事件来说，一些事件的进程会比之前更慢或更快。时间问题依然是中心问题。像"老鹰轻挥羽翼，蜂鸟快扇翅膀"这样的例子，在生活中不胜枚举。当然，我们可以把时间概念纳入讨论之中，但我们不需要这样做。因为时间是一回事，而我们如何归类或测量时间则是另外一回事。

对于有些人来说，"时间扭曲"只是一种思维游戏，或是一种单纯的理论，但事实上，爱因斯坦的时间膨胀论甚至会与致命事件有关。当宇宙射线（高能量粒子撞击我们的大气层）与大气层上部的分子发生碰撞时，会使分子中的原子分裂，就像母球撞散一堆台球一样，由此会产生亚原子粒子雨。如果其中一些粒子误伤人体上哪怕一丁点儿的遗传物质，对人类而言都是致命的。这些 μ 介子不断地穿过我们的身体，导致产生一些原发性并一直困扰着我们人类的癌症。每秒就有超过 200 个这样的粒子穿过我们的身体。对于生活在海拔更高地区的人而言（如危险的丹佛），穿过他们身体的粒子会更多。问题在于，质量介于质子和电子之间的 μ 介子，在衰变为无害的副产品之前可存活 2 微秒。即使这些粒子的速度很接近光速，它们要到达地球表面并进入我们的细胞之中，区区几微秒的时间可能还不够长。

因为，μ 介子在约 56 千米之外的上空诞生后，很快就衰变了。它们本来不可能也不应该到达我们这里，所以也就不会给我们带来任何麻烦，但事实是，事情就这样发生了。我们所计算的几微秒对于 μ 介子来说是一段较长的时间，而且已经足够长。因为它们的速度非常之快，因此，它们的时间变慢了。按照我们的观察，μ 介子的寿命已被延长，而我们的时间也许已被缩短。然而，从 μ 介子的角度来看，时间是正常的。

过去和未来是存在的吗?

在宇宙中的某些地方所发生的事件,可能已经历了 100 万年,但只相当于地球上的人所经历的 1 秒。然而双方都感觉,时间是正常的。

所以,在不同的地方,观察者体验到的是不同步的时间序列。如果事件发生时的时间流逝速度取决于所在地的重力和速度等因素,那么,如何才能保证大家使用的都是标准恒定的时间这一概念呢?

在回答这个问题时,物理学家着重观察时间在相关物理方程中是否关键,或是否存在,换句话说,就是时间是否已被论及。当时间作为变量时,人们会在 t 前面加上大写的希腊字母 Δ。但是,物理学家发现,牛顿定律和爱因斯坦所有理论中的方程,甚至后来的量子理论,都是以时间对称(Time Symmetrical)为基础的。时间不扮演任何角色。不存在向前运动的时间。因此,许多物理学家据此宣称,时间是不存在的。

例如,2010 年,克雷格·卡伦德(Craig Callender)在《科学美国人》(*Scientific American*)上这样写道:

> 此时此刻总是让人感觉特别,这是真的。不管你能记得多少过去,抑或预测多少未来,你都活在当下。当然,你读这个句子的那一时刻不会再有了,而正在读这个句子的当前时刻还在。换句话说,我们感觉,时间仿佛在流动。从这个意义上说,当前时刻正在不断更新自己。我们有深刻的直觉,未来是开放的,直到它成为现在,而过去已经固定了。随着时间的流逝,这种固定的过去、即时的现在和开放的未来组成的时间结构被及时地向前推进。这种结构根植于我们的语言、思想和行为中。我们的生活方式紧紧依附于它。
>
> 然而,就像这种思维方式一样自然,你会发现,科学并未对此做出任何反应。物理方程没有向我们展示,此时此刻正在发生的是哪些事件。方程就像一幅上面并没有标注"你在这里"符号的地图。

物理方程不包含此时此刻，因此，也不包含时间的流动。此外，阿尔伯特·爱因斯坦的相对论表明，不仅没有单一的、特殊的现在，而且所有的时刻都同样真实。

对于以上观点，哲学家普遍表示认同。毕竟，过去只是一种选择性记忆。你和我对同一事件的回忆会有差别。两种记忆都仅仅来自此时此刻你的脑细胞和神经元放电所产生的信号。如果过去只能出现在这里，出现在此时此刻的一个想法在未来也只是严格意义上发生在现在的概念，那么，对于我们来说，似乎除了现在，就没有其他什么了。一直以来，都是如此。因此，是否真的有过去和未来的存在？或许，过去和未来与当前时刻都只是一个连续的统一体吗？

这种辩论早已有之。正如我们看到的，一些古典希腊作家相信宇宙是永恒的，没有起点。没有起点就意味着宇宙拥有无限的过去，那么，时间就显得毫无意义。毕竟，宇宙的永恒，从根本上来讲，不同于"没有终点的时间"（Time Without End）。甚至早在公元前 5 世纪，诡辩家安蒂丰（Antiphon）就在其著作《论真理》（On Truth）中写道："时间不是实体，而是一个概念，或一种量度。"

出生于希腊埃利亚小镇的巴门尼德（Parmenides）在他的诗《论自然》（On Nature）中支持这种论调。在《真理之道》（The Way of Truth）一节中，他把实体称之为"是什么"（what-is），并认为实体是一种存在，而存在是永恒的。他称时间为一种幻象。

不久之后，也是在公元前 5 世纪的埃利亚小镇，著名的芝诺（Zeno）提出了那些不朽的悖论。下一章将对这些悖论做详细分析，并阐述如何区分思想和数学的概念领域（The Conceptual Realm of Ideas and Math）与实际的物理世界。这将解决那个古老的、不断烦扰我们的龟兔赛跑悖论。多年以来，这一悖论已经成为人们心中的"痛"，一旦提起，就会感到"备受折磨"。芝诺也向我们展示，无论时间还是空间，都不是实际的物理实体。

对于永恒，希腊人的冥想是松散的，与此形成鲜明对比的是，中世纪的神学家和哲学家倾向于认为，只有上帝是无限的。对他们而言，上帝的创造物宇宙，确实有有限的过去，有诞生的具体时刻和设想中的终结日（Expiration Date）。通过推理，他们认为时间是宇宙的一部分，因此时间本身也是有限的。

这句话充满了哲学思辨的意味。尽管这样的辩论今天仍在继续，但只说明了一点：大众认为的时间的真实性，仍然受到那些有过多闲暇时间思考此类事情的人的严重质疑。对我们来说，更重要的是，时间的真实性甚至也被主流科学所怀疑。时间问题是我们理解存在、死亡，以及我们与宇宙之间真实关系的第一把钥匙，而在我们更加努力地为时间问题寻找最终答案时，只有科学是我们要继续追寻的。

我们必须转向科学中唯一可行的研究点，即假定时间必须具有方向性：热力学第二定律涉及一个叫作"熵"（Entropy）的概念，这种从有序到无序的自然倾向使时间的"箭头"或方向成为必要。如果这样的箭头存在，时间就是一个真实的存在。这就意味着你生命的剩余时间会令人不安地在滴答声中逝去，并且一去不复返。

我们最好尽快把这个问题弄个水落石出。我们将召唤那些真正能够清楚地解释这究竟是怎么一回事的人。接下来，我们会先请出古希腊的巴门尼德和芝诺，尽管当时的世界与我们的现代世界非常不同；然后是那位生活于19世纪、才华横溢、令人着迷但最终又颇具悲剧色彩的路德维希·玻尔兹曼（Ludwig Boltzmann）——在当时的欧洲，所有的物理系学生都对他的名字耳熟能详。

第 4 章

芝诺的悖论

真实的东西是静止的。飞行的箭在一定的时间内会经过许多点，在每个点上必然要停留，因此是静止的。

芝诺（Zeno of Elea，古希腊哲学家）

我们也许应该从巴门尼德说起。大约于公元前 515 年，巴门尼德出生于希腊大陆的埃利亚，并作为埃利亚学派的创始人闻名于世。埃利亚学派诞生后迅速成为独领风骚的希腊哲学思想，也是前苏格拉底学派之一。尽管巴门尼德的由三部分组成的长篇巨著《论自然》只有一小部分留存下来，不过我们事实上没有必要将一个本质上简单的世界观复杂化。巴门尼德的世界观与其后 2 500 年的生物中心主义不谋而合。

追不上乌龟的阿喀琉斯与飞矢不动

芝诺同样出生于希腊的埃利亚，但比巴门尼德晚 25 年。芝诺支持并倡导巴门尼德的观点。巴门尼德和芝诺都极力宣称，我们周围的物体所具有的明显的多样性，以及它们的变化形式和运动方式，都只不过是永恒现实的外在形式。他们把这个永恒的现实称为"存在"（Being）。虽然巴门尼德和芝诺似乎是独立地得出了他们的看法，但这实际上与写于他们之前一千年的梵语文献如出一辙。

29

巴门尼德的哲学思想可以归纳为"一切即一"（All is One）。这句话从表面上看，似乎是哲学上毫无根据的胡言乱语，但却蕴含着巨大的经验感知，并与过去和现在的日常体验息息相关。例如，埃利亚学派会把潺潺的小溪理解为无限能量的表现形式，无限能量正通过"存在"或"实在"（Existence）展现自身；而反对派（几乎被现代社会广泛接受的观点）则认为，这样的情景不过是水分子、鹅卵石这样分开的、准独立的物体的聚合而已，这种聚合展示了时空基体（A Space-and-Time-based Matrix）中的因果行为（Cause-and-Effect-Derived Actions），而正是在时空基体中，这些不同的事物来来去去。

尽管"多元论"（Multipole-Causation）和"一元论"（Single Animated Essence）的观点初听似乎只存在哲学上的区分，并不是很重要，但从各自不同的观点出发，在关于正在展开的是何种现实、我们处于哪种现实的一部分这些问题上，会得出截然不同的结论。事实上，这是一个会改变生命走向的课题。

也许，这就是为什么几乎痴迷于至简"存在"概念的巴门尼德和芝诺，会像保罗·瑞维尔①一样需要把这一概念传播出去的原因。他们的确这样做了，且坚持认为他们的观点无须借助任何信仰或信念的力量，而是只要通过逻辑就能证明。他们认为，所有支持"变化"或"非存在"的主张都是不合逻辑的，而且，为了反驳基于时间或基于运动的观点，芝诺提出了一系列哲学悖论。芝诺的主张会不可避免地导向"一切即一"这一至简观点上。即使在今天，芝诺的悖论依旧被教授和辩论，仍被人们普遍认为有效。

更重要的是，芝诺被亚里士多德誉为辩证法（Dialectic）的发明者，而"辩证法"一词后来却成为形式逻辑（Formal Logic）的同义词。从某种程度上说，这令人啼笑皆非，因为芝诺原本是想支持并推荐巴门尼德关于存在是"一个"不可分割的现实的学说，这也是人类所能得出的最朴素的哲学思想。因此，在如何看待芝诺悖论的问题上，我们应该永远记住，芝诺并不是在玩

---

①保罗·瑞维尔（Paul Revere），美国一名银器工匠。在美国独立战争期间，英军计划发动突袭，他得知后连夜骑马通知独立人士。

什么小聪明，或是想揭穿逻辑思维中的某种阴谋诡计，而是想反驳和证伪关于"多元"（The Many）存在的普遍看法。"多元"意指具有基于时间特性和独立运动的可分辨的独立对象。

芝诺曾提出过许多悖论来证明自己的观点，我们在这里只列举其中三个最著名的例子。

可能大家都听说过"阿喀琉斯和乌龟"（Achilles and the Tortoise）这一故事，当然这个故事还有其他名字。首先让跑得慢的乌龟从一个领先的起点开始跑，然后让阿喀琉斯追赶并超过乌龟。假设乌龟的速度是阿喀琉斯的一半，那么当阿喀琉斯到达乌龟的出发点 A 时，乌龟已经又向前爬了一半的距离，到达了新的起点 B。当阿喀琉斯到达点 B 时，乌龟已经又慢慢爬到了另外一个新的起点 C，即乌龟又爬过了 A 到 B 之间距离的一半。当阿喀琉斯到达新起点 C 时，一个逃避不了的事实是，乌龟又爬过了 B 到 C 距离的一半，而一半的一半还可以无限分割下去，所以，阿喀琉斯将永远也追不上乌龟。

第二个悖论与第一个颇为相似：如果荷马（Homer）想要走到一个推着手推车卖葡萄的男人那里，他必须先走到前门和商贩之间的距离中间的地点。然后，他必须先到那个距离一半的地点。然后，又要先到上个距离的一半的地点。很显然，剩下的距离中总有一个一半的地点要先到达，这就制造出了一个无限的不会有结果的任务。因此，荷马永远也买不到葡萄。

第三个悖论涉及一支飞行的箭（如图 4-1 所示）。很显然，在飞行中的任一时刻，这支箭都位于空间中的一个确定的位置。它不在前一时刻所在的位置，也不在飞行中的下一个时刻可能的位置。换句话说，在每个时刻都只有不动的箭，因为箭只存在于一个精确的位置，所以它是静止的。如果一切在每一时刻都是静止不动的，而时间又是由时刻组成的，那么，箭就不可能是在运动的。

在忙碌的生活中，我们可能倾向于不思考这类智力测试题一样的逻辑问题，会像赶苍蝇一样把它们赶走。数个世纪以来，芝诺的悖论让伟大的科学家伤透了脑筋。尽管有些人一本正经地宣布了他们的"解决方案",但目前达成的共识只不过是,这些悖论依然有效。

每一个时刻,我们都处在被称作"飞矢不动"的悖论所描述的状态中。这一悖论是芝诺于2 500年前首先提出来的。

因为没有什么东西可以在同一时刻出现于两个地方,所以,芝诺认为,飞行中的箭在任一时刻都只会出现在一个位置上。

但是,如果箭只出现在一个位置上,那么那一时刻它一定是不动的。在箭的运动轨迹中的每一个时刻,箭一定会停止在某个特定的位置上。

从逻辑上讲,运动在本质上并不是正在发生的事情,而是一系列分开来的事件。

时间的向前运动并不是外部世界的一个特征,而是事物在我们意识中的一种投射,是我们把观察到的事物联系了起来。箭的运动就是一个很好的例子。

这个论证表明,时间不是绝对的现实,而是我们思维的特征。

图 4-1 飞行的箭

实际上,生物中心主义可以解决芝诺的悖论问题。生物中心主义认为,由于时间和空间并不是像椰子这样的实体,所以不会因一次又一次地被分割而产生这样的难题。否则,人们可能会看到,现实世界与我们用来描绘世界的抽象数学或者简单逻辑并不一样。逻辑要求象征性思维,由具体的思想代替抽象的对象和概念,而现实世界不必遵守这些语义规则。据此推理,芝诺悖论之所以出现,是因为我们需要在具体和抽象之间切换。

由于我们太依赖自己的思维,已经忘记了如何识别具体和抽象之间的区别。在抽象的世界里,那些没完没了的"一半又一半"成为阻止荷马买葡萄的重重障碍,但在实际的非象征性的自然现实里,荷马可以直接走过去,递给水果商贩 1 个德拉克马① 就可以享用葡萄了。

---

①德拉克马(Drachma),古希腊的银币名。

时间逆转的现象会发生吗？

然而，从我们的目的来看，这已经足以表明，许多人想当然地用来搭建宇宙框架的基石，也即空间和时间，貌似牢不可破，实则不过是人类心理脆弱的构建，其存在的逻辑可以被芝诺等人轻而易举地撼动。如果芝诺是对的，那么运动就不可能是真实的存在。我们在看到足球紧贴着门柱飞入球门时，我们的体验算什么呢？那里发生了什么？在我们搞清楚这些问题之前，还有一个任务要完成，就是让我们审视一下是否有科学领域支持将时间概念降级的观点。

我们先从奥地利的物理学家、哲学家路德维希·玻尔兹曼开始，看看他都做了些什么。玻尔兹曼生于 1844 年，19 岁时父亲去世，之后在维也纳大学学习物理学，22 岁时获得了博士学位，成为一名讲师。这个年代正是物理学的兴盛时期，玻尔兹曼尤为着迷于开发一种利用统计学解释和预测原子的运动和性质的方法。这一研究使他能够准确地确定像黏度这样的物质属性，黏度是流体黏滞性的一种量度。

玻尔兹曼一生都在与剧烈的情绪波动做斗争。情绪波动就像他挚爱的液体一样，以截然不同的速度在他体内流淌。如果在今天，他可能会被诊断患有躁郁症。这种疾病使他与同事的关系难以维系，但并没有阻碍他在解释物质行为与属性上取得重大的进展。他获取的成就在某种程度上预测了几十年后才出现的量子力学，因为量子力学也是依靠统计学了解物理世界的运作机制的。最终，玻尔兹曼不堪躁郁症的折磨而自杀，享年 62 岁。他在热力学方面贡献卓著，他提出的与熵有关的"玻尔兹曼 H 定理"给出了热力学第二定律的统计学解释，现在仍然是最著名的定律之一。

因为似乎只有在物理学这一个领域，时间被认为是存在的，于是熵进入人们的研究视野。所有其他理论，如广义相对论的方程、开普勒（Kepler）的行星运动定律和量子力学都认为，一切是以时间为主线而发生的，但没有任何外部箭头或指向性使时间变成真实存在的实体。

玻耳兹曼为一种气体中的原子建立过模型，该模型与相撞的潘卡足球①有些相似。这个模型表明，如果把原子封闭在一个盒子里，每一次碰撞都会使原子的速度和运动方向发生改变，导致原子分布变得越来越混乱。即使初始条件是高度有序的，如盒子的一侧是热的，原子移动得快，而另外一侧则是冷的，原子移动得慢，但最终这种分布会消失。这种原子大范围均匀分布的最终状态，或者说在微观层面上呈现完全无序的状态，就是所谓的"熵"。只要有足够的时间，熵值最终达到最大的状态将不可避免。

注意，"时间"一词是这个过程的核心，也就是关键点。从有序到无序，熵值增加的行为是一个单向的过程，最终原子均匀分布，以及所有的温度差异消失的过程似乎都与时间有关，因为这个过程是不可逆的。我们在日常生活中经常会看到这种现象，无论我们将存放袜子的抽屉整理多少遍，它最后总会变得乱七八糟，因为无论我们花费多长时间在抽屉里翻找配对的袜子，都会增加抽屉的无序性。无序自然发生。如果这真的可以作为物理学或数学上标注时间的"方向"或"箭头"的证据，那么时间就是真实的。

物理学对时间的箭头问题向来非常重视。斯蒂芬·霍金（Stephen Hawking）曾辩称，如果宇宙停止膨胀并开始坍缩，时间的箭头会指向相反的方向，物理过程在各个层面上都会发生反转。可能我们并不会觉得这有什么不妥，因为我们自己的心理运作和大脑功能也会逆运行。霍金最终又说，时间逆转是不可能发生的。他改变了想法，如同在演示时间逆转的过程。

除了玻耳兹曼对热力学第二定律的统计学解释之外，我们并没有确凿的证据可以证明时间的真实存在。但熵的问题并非小事，这是不容争辩的事实。当我们试图组建一个反时间的流派时，有何方法可使我们看起来不是天真幼稚的反方辩手呢？

幸运的是，我们有这样的方法。尽管许多人把熵作为时间参数随意使用，但玻耳兹曼本人并不这么看。他认为，熵是由于粒子的机械碰撞产生的，无

---

①潘卡足球（Pool ball），一种脚踢式台球运动。

序状态是世界最有可能的常态。因为无序状态比有序状态出现的可能性要大得多，因此，无序的最大值是最有可能出现的。换句话说，熵只是此时此地的一些东西与另一些东西的撞击，不存在时间箭头的问题。随机化是一个瞬间的过程。当然，我们人类对于动态场景总是一会儿观看一会儿离开，等到再次观看时，情况已然发生了变化。但是不同的场景、变化的事实和随机化本身，与时间并不相同。

玻耳兹曼的观点本质上是在说，所有的分子恰好都在以相同的速度按相同的方向运动——这种有序状态其实是最不可能发生的情况。换句话说，热力学第二定律只是一个统计意义上的事实。能量的任何渐进的无序化过程就像是在洗一副扑克牌。扑克牌刚买回来时，每副牌都按花色和升序数组整齐排列，我们将这种状况描述为"有序"，而这只是一种特殊情况。而不同的场景、变化的事实及随机化本身，和时间并不是同一回事。

所以，如果在实际上时间并不存在的话，那么，我们在日常生活中经历的是什么呢？在我们面对那个因时间而造成的恐怖的终极后果也就是生命结束之前，我们需要了解这一切。但更重要的是，我们需要知道，人们体验到了什么，这些体验是在何处发生的，以及我们的生命之花是如何绽放的。

第 5 章

"毁掉台球桌"的量子们

量子力学的确雄伟壮丽，然而内心却告诉我，它还不是那回事。这理论说了很多，却没引领我们更接近"上帝"的秘密。我，无论如何，深信上帝不掷骰子。

阿尔伯特·爱因斯坦

大多数人相信，在"我们之外"（Out There），存在着一个独立的实体宇宙，而这个宇宙的存在与我们的意识没有任何关系。

在量子力学诞生以前，人们对这种似真的真理没有太多异议，但是此后，科学界发出了可信的呼声，这种呼声与那些宣称"似乎并不存在没有感知者的宇宙"的人遥相呼应。

在那时，此类问题被认为是含糊的问题，更适合哲学讨论，而不是科学研究。然而，尽管散发着文化范畴内浓郁的主观气息，实际上，物理世界和意识之间的关系问题在数百年前就已使科学家为之倾倒了。

牛顿：宇宙是一个巨大的机器

从表面上看，意识或知觉似乎完全不同于原子、力和宇宙中的因果效应。如果今天有人试图将它们联系在一起，他们一开始往往会倾向于优先考虑物质世界，然后再试图找出意识是如何来源于物质世界的。例如，大脑是由原子构成的，原子又是由亚原子粒子构成的，而这一切都是已知的实体。大脑运作是一种电化过程，这已不是什么秘密。不过，如果我们的意识仅仅是一切实体的某种主观感知的副产品，意识将沦为现代现实世界自运行模式的附属品——在这样的现实世界中，你花钱买这本书纯属浪费。要不是一个多世纪前发生了一件有那么点颇令人不安的事——量子力学的出现，科学就将和与意识相关的宇宙模型擦肩而过了。

从根本上说，这可以追溯至两千多年前亚里士多德时代早期的一个问题，即意识是否从本质上独立于物理世界之外。这不是一个荒谬可笑的想法。如果答案是"是"，那些探究自由意志、道德、精神，以及后来的心理学的人，将拥有一个专属的舞台，而那些探究物理世界是如何发展而来的，以及物理世界的形成原因的人，可以拥有另一个舞台，双方不需要搅和在一起。

如果说意识和物理世界之间有何联系或者共性的话，那应该是人们普遍认为的，二者都是由上帝或者其他诸神创造的。这就是为什么有关个人行为方面的专著，以及像牛顿这样伟大的"自然哲学家"的发现都经常援引造物主的原因，而牛顿曾经成功地揭示了所有物理运动的逻辑和一致性规律。直到 20 世纪，这种援引上帝的做法才消失殆尽。近年来，你的治疗专家和物理老师可能都不大会提起上帝了。

但是，直到 17 世纪，勒内·笛卡尔（Rene Descartes）才宣称，宇宙里存在着两个完全不同的领域：精神与物质。他这么说自有其理由，因为他认为，要让精神和物质相互作用，必须有能量交换。没有人曾经观察到，任何物体的能量仅仅因为它正在被观察而收缩或增长。更不用说，如果我们的精神不会影响物质，那么，反过来说的话也肯定是真的。如果宇宙的总能量不变（这是真的），那么，似乎留给一个或多个独立的意识拥有能量的机会就不大。这意味着，意识甚至不存在。

笛卡尔用其最著名的格言（即"我思故我在"）宣示意识本就是不存在的，自此以后，科学家几乎把意识撇到了一边。偶尔也会有一些粗枝大叶的人希望把一切都联系起来，但他们通常会懒惰并草率地假定物质世界的优先性，认为物质世界以某种方式诞生了意识。这种观点有时会被称为物理一元论（Physical Monism）。没有人尝试提出完全相反的意见：物质世界可能来源于意识。我们无法指责这种情形，尽管在过去和现在，意识几乎都被视为幽灵，不过，如果说仅凭意识之力就能移动岩石或者创造行星，那的确太令人难以置信了。

因此，明智的人做出了明确的选择。现代科学的结论过去是，现在仍然是坚持笛卡尔的物质和精神二元论（Cartesian Dualism of Mind and Matter）。几个世纪以来，物质和精神一直被认为在本质上是分开的。或者，用越来越多的人所持有的观点来看，意识在某种程度上起源于物质构成的身体内尚未被发现的某个机能，如大脑的某种特殊结构，或其中存在的某种化学物质。

在那些坚持物质和精神之间存在二元性的人中，一些人的动机是崇高的，也是合乎常理的。亚里士多德迫切希望弄清楚事物之间的联系，并渴望揭示宇宙的物理规律。他认为，将容易出错的个体观察者排除在外，会促进我们对世界的认知。简而言之，他为客观性（Objectivity）而战。这意味着他的基本观点是，所有一切都是与我们的精神相分离的，后者是独立的存在。牛顿也很喜欢这个观点。17 世纪中期，牛顿的三大运动定律巩固了我们现在称之为"经典物理学"的学科的地位。

在大约同一时期的法国，笛卡尔完全同意这种唯物实在论（Material Realism）或因果决定论（Causal Determinism）。这些花哨的术语与牛顿物理学提供的标准宇宙模型有关。这个模型认为，所有物体都有质量，并因此相互影响。如果没有这些五花八门的移动物体的"拉动"，其他一切都会保持静止，或者继续悄然地各行其是，我们将看不到任何变化展现出来。几十年前发生在伽利略等人身上的悲惨遭遇令人记忆犹新，因此笛卡尔认为，这种唯物实在论会让科学在受到教会最小限度的干涉而保有最大安全性的情况下向前推进。至于另一个涉及意识、个人精神、道德、社会规则、宗教仪式的领域，以及教会想要用来规范个人行为的其他方面，就全部交给教会好了。

这真的奏效了。科学和教会现在都有自己的三分田。牛顿和笛卡尔认为，宇宙本质上是一个巨大的机器。早期的科学家还在沿用援引上帝的做法，但牛顿和笛卡尔在本质上认为，宇宙遵循的是一场盛大的、自我维系的三维台球游戏的规则。如果你知道了每个物体的质量和速度，就可以准确地预测其未来的行为和位置，甚至可以反过来推断所有一切的过去。

18世纪的法国数学家皮埃尔·西蒙·拉普拉斯（Pierre-Simon Laplace）也同样猜测，如果有人足够聪明，又拥有足够多的信息，就可以仅凭观察所有物体当前的位置和轨迹了解宇宙的一切。一切都是由初始条件决定的。也许，除了终极起源那些小事情之外，其他的都无神秘可言。甚至上帝也是不必要的。事实上，拉普拉斯在其天体力学方面的著作里没有提及任何神[1]。

到了19世纪末20世纪初，科学仍然持这样的观点。科学和教会大路朝天，各走一边。科学不理会宗教，把意识撇在了一边。教会倒认为可以接受科学，毕竟科学解释了物体是如何运动的，而且也没有非法闯入宗教的领地，即试图挑战宇宙是如何形成的，以及形成的原因是什么等问题。

由于西方国家生活水平的不断提高，随之而来的是人们对宗教的需求日益降低，科学的决定论模型，即科学实在论（Scientific Realism），因而成为新的真理。谁敢跟贴上这个标签的思想较劲呢？如果你反科学，或者反实在论，你会被视为疯子。

总之，宇宙被广泛地认为具有客观性，是独立于观察者而存在的。它

---

①虽然这不必提起，但经典物理模型的另一个元素后来被爱因斯坦称为"定域性原理"。除非受到附近的物体或力的作用，否则物体不会移动。爱因斯坦著名的论断表明，终极速度，即299 792.46千米/秒的光速，为一个物体相对于其他物体的速度强加了限制。

爱因斯坦解释说，没有任何有质量的物体会达到光速，因为随着速度的增加其质量也会增大。例如，一根很轻的羽毛在速度增加到略低于光速时，其质量会超过一个星系的质量。驱动质量如此巨大的物体向前运动所需的力是不可能获得的，因为所需的能量无穷大，即使把宇宙中所有的能量加起来也不够。

事实上，以光速运动的话，一颗芥菜籽的质量将超过整个宇宙。这种随着速度自动产生的"质量"变化，是爱因斯坦在1905年提出的狭义相对论中预言的。他认为，这是因为运动总是涉及能量，而能量和质量是一枚硬币的正反面，它们是等效的。按照爱因斯坦著名的公式 $E = mc^2$，E 是能量，m 是物体的质量。如果通过增加速度来增加物体的内在能量，也等于说增加了其等效质量。第7章会更详细地讨论定域性原理的含义。

由物质构成，其中包括能量和场，受因果决定论控制，被定域性原理（Locality）限定。若从这个角度考虑，意识或观察者就会被认定为仅仅是物质构成的物理世界的一部分，且以某种方式从中产生，至于其起源或无法解释其真实特征等问题，似乎没有人关心。一些挥之不去的奥秘被认为与这个物质世界完美相容。如果没有量子力学的出现，恐怕我们仍会停留在这样的认识层面上。

量子理论引发学术界大地震

量子力学，这个物理学的新分支，是在 19 世纪最后几年里悄然兴起的。当时，并没有太多问题是经典物理学无法解释的，但新的难题还是出现了，有些难题还相当古怪。例如，篝火和太阳都被认为是燃烧的火，但直到 1920 年，亚瑟·爱丁顿（Arthur Eddington）才解释了核聚变是太阳能量的真正来源。当你手里拿着一根热狗或一根穿着棉花糖的木棍在火上烤时，因为距离篝火太近，当你的皮肤被火灼得发痛时，你会立即跳开。当然，这要比太阳光或者说中午时分的阳光更让你感觉不舒服。然而，尽管篝火的热量也很充足，但它永远不会晒黑或晒伤你的皮肤。为什么会这样呢？这个问题颇让人费解。

1801 年，约翰·里特尔（Johann Ritter）发现了紫外线（UV），我们从而知道，来自太阳的 UV 光粒子是导致人的皮肤晒黑或晒伤的元凶。但是，为什么篝火从来不会这样呢？经典物理学认为，篝火也应该发出紫外线，只要人们在篝火边逗留的时间足够长的话，皮肤也会变黑——但这从未发生过。

该问题的答案与 1897 年发现的电子有关。每当提到电子，人们的脑海里马上会浮现出这样的景象：正如行星围绕着太阳旋转那样，电子也围绕着原子核在运动。但是，事情是这样的：1900 年，马克斯·普朗克（Max Planck）猜测，电子可以从热的环境中吸收能量，然后以光子的形式辐射出去，这种辐射中应该包括一些紫外线。行星可以在任何距离远的轨道上围绕太阳运行，但电子只能在特定的、离散的位置上绕原子运动，因此，电子只能吸收或辐射特定量的能量，这种能量被称为量子[①]，也就是把一个电子移动到特定轨道所需的精确的能量值。如果环境中的能量不够充足，就仅能使电子发生简单的跃迁，比如来到原子外围的那些电子。如果电子未能获得足够多的能量，就很难从基态能级跳跃到激发态能级。当电子从激发态能级再次回落时，就能够释放出一个紫外光量子所需的能量。

普朗克认为，电磁能只能一份一份地释放，这一想法很快就被称为普朗克假设（Planck Postulate）。不久之后，才华横溢的丹麦物理学家尼尔斯·波尔（Niels Bohr）证实，原子的行为确实如此。只有从可能存在的能量更高的轨道向下回落到另外一个更接近原子核的轨道时，原子才会发出包含一定能量的光，这就是光量子。这是产生光的唯一方式。如果原子没有受到刺激，其电子会保持在稳定的轨道上，原子也不会发光。

从激发态能级跃迁到基态能级时，会产生一个能晒伤皮肤的紫外光量子，这需要提供比篝火更强大的初始能量。量子理论认为，电子只在可能存在的能级之间做特定的移动，从而吸收或辐射特定量的能量（量子）。量子理论解释了大自然一些神秘的方面，到目前为止，一切还不错，但还有谜团尚未揭开。根据波尔的理论，电子不会出现在精确的、被允许存在的轨道之外的任何中间位置。任何时候，当一个电子改变位置时，都必须从一个特定的轨道移动到另外一个特定的轨道，而永远不会出现在两个轨道之间的任何地方。所以，这就是奇怪之处：电子在变换轨道时，不会通过两个轨道之间的空间！

想象一下，如果这样的事情发生在月球上，会是怎么样的呢？以前，月球离我们更近些，现在正以每年大约3.8厘米的速度远离我们。它按螺旋状轨道绕地球运行，看起来就像一道弯曲的焰火一样。倘若物理学现在允许月

[①]量子（Quantum），该词来源于拉丁语"quantus"，意为"有多少"，代表"相当数量的某物质"。普朗克提出：像原子作为一切物质的构成单位一样，量子是能量的最小单位，原子吸收或发射能量是一份一份地进行的。

———— 马克斯·普朗克 ————

量子力学的重要创始人之一

那种企图使量子与经典理论调和起来的打算我持续了很多年，它使我付出了巨大的精力，但依然被证明徒劳无功。

亮与我们之间的距离是任意的，想象一下，几百万年以来，如果月球不是缓慢地远离地球，而是瞬间就出现在距地球约 8 万千米的新位置上，而它并没有穿过任何中间空间，也没有花任何时间就完成了移动，那会是何种情景？对此你会作何感想？

这就是发生在电子身上的事情。毋庸置疑，这为量子的奇异性增添了新的含义，而所有这些奇异性如同在酝酿一场学术界的大地震，将从根本上撼动经典物理学。甚至普朗克本人，也无法理解量子的性质，多年以后他不无恼怒地如此写道："那种企图使量子与经典理论调和起来的打算我持续了很多年，它使我付出了巨大的精力，但依然被证明徒劳无功。"最终他放弃了，不再试图弄清楚量子的逻辑意义，而是试着去说服那些最顽固的怀疑者。"一个新的科学真理不是通过说服反对者并让他们明白才能取得胜利，"他很有先见之明地说，"而是因为真理的对手最终会死亡，而习惯它的新一代也终究会成长起来。"

让一个人熟练掌握量子力学是非常困难的，因为奇怪的、新的意外发现一直在不断涌现。物理学家意识到，光和物质微粒不仅是粒子，而且是波。它们是如何存在的，取决于是谁在探寻这个问题，即观测方法决定了该物质以何形式出现！

实际情况比这更糟。以一种模糊的概率方式来看，这些实体也可以同时存在于两个或两个以上的地方。我们会说，作为一种波，电子真的是波包。波包密集的地方就是个体电子最有可能物化为粒子之处。但经过观察，它可能会突然出现在另一个不太可能的地方，也即几乎完全空虚的波包的边缘地带。随着时间的推移，一系列观察显示，电子或光子会按照概率云运动。

这意味着，电子或光子并不喜欢作为一个实际的物体在一个真实的地方独立存在并产生真正的运动，相反，其存在只属于概率。也就是说，它在被观察到之前并不存在。谁在观察它们呢？是我们人类！我们在用我们的意识来观察。

意识和宇宙可能从根本上就并不是完全独立的实体。这样的想法突然出现了。这就是与亚里士多德的二分法彻底分道扬镳之处。这种二分法通过笛卡尔和牛顿的理论，发展得似乎更为绵延不尽。

在 20 世纪的前几十年，经典物理学和常识性的定域性原则渐遭侵蚀。毕竟，在某种"移动"过程中，物体没有通过任何空间，也没有花费哪怕一丁点儿时间。

客观性也在消融，因为仅观察者就可以使这些微小的物体实现物化。因果决定论也在消失，因为没有什么可感知的或可见的东西，能使实体呈现在这个而不是另一个位置上。 至于认为意识是物质宇宙的随机产物的"物理一元论"，现在则获得广泛的关注，并被重新审视。好像突然之间，意识成为宇宙全部现实研究中的重要议题。毕竟，我们看到了观察者的意识对于物理世界发生的事件起到的决定性作用。

然而，尽管 20 世纪 20 年代发现的这些具有深远意义的古怪事件越来越多，但量子真正的奇异性只不过展现了九牛一毛而已。

第 6 章

离奇的双缝干涉实验

双缝实验直指量子物理的核心。

理查德·费曼（Richard Feynman，1965 年诺贝尔物理学奖获得者）

我们长大后，看着我们所爱的人慢慢变老并死去，就假定有个被称为"时间"的外部实体应该对此负责。但正如我们所看到的，许多科学和逻辑文献都在质疑时间的存在。我们必须重申，尽管我们观察到了变化，但变化跟时间并不是一回事。

海森堡不确定性原理

那么，我们的经历算什么呢？当观察变化时，比如从一个点移动到另外一个点，我们应该看看这个过程在实际上是如何展开的。现在，我们测量任何事物的精确位置时，事实上是"锁定"其运动状态下的一个静态帧，就像影片中的一个单帧或一幅截图。但是，当我们观察运动时，我们不能只看单独的静态帧，因为运动是许多帧的总和。一个参数测量精确度的增加，会引起另一个参数测量精确度的降低。

让我们先向伟大的芝诺致以敬意，然后再思考一下他的悖论，即"飞矢不动"中的"影片"。我们可以让放映机在任何一帧停下来，暂停能使我们

47

知道箭头的精确位置。它就在那儿——正在射箭比赛场地约 2.5 米高的上空飞翔。但是我们失去了所有关于动量的信息，我们不知道它要去往哪里，也不确定它的详细飞行路径。

有趣的是，自 20 世纪 20 年代以来，大量的实验证明，这种不确定性并不仅仅是技术不够精准的问题，不确定性也是现实的内在属性。这个基本事实的性质由德国物理学家维尔纳·海森堡（Werner Heisenberg）首先用数学方法揭示出来。当然，这就是今天众所周知的"海森堡不确定性原理"[①]。

当科学家测量像电子这样的物体时，不确定的事实开始变得清晰起来。电子的位置与动量不可同时被确定，其中一个量（动量）越是确定，另一个量（位置）的不确定程度就越高。起初，所有人都认为，我们最终能准确地测量这二者。换句话说，我们未能做到准确地测量只不过由于我们的技术不够成熟，随着技术的发展我们很快就会做得更好。但我们却从未做到过。因此，一个令人惊异的事情马上变得显而易见，即电子并没有确切的位置，也没有精准的运动轨迹。相反，观察行为本身会导致我们只能感知两者中的一个或另外一个特征，或者获得的是对两者的模糊感知。不确定性原理成为量子物理的基本概念。

虽然这听上去有点不可思议，但是，如果从生物中心主义的视角来审视，奇异的事情就会完全消失，整个事情都有了意义。根据这一理论，时间是使空间世界的静止帧连续运动起来的内在感觉。

请记住这一点：我们尽管无法透过大脑周围的骨头看见里面发生的事情，但我们现在所经历的一切，包括我们的身体，都是在我们的头脑中出现的一系列信息。空间和时间仅仅是思维的工具，大脑可以毫不费力地把一切联系在一起。

---

①海森堡不确定性原理（Heisenberg's Uncertainty Principle），又称作"测不准原理"，是量子力学的一个基本原理。德国物理学家海森堡于 1927 年发表论文，给出该原理的原本启发式论述，因此这原理又称为"海森堡不确定性原理"。在量子力学里，不确定性原理表明类似的不确定性关系式也存在于能量和时间、角动量和角度、位置和动量等物理量之间。

那么，什么是真实的？如果下一个影像不同于上一个影像，那就说明它们所处的时间区间不同。我们可以判定，变化是随着"时间"这个词而来的，但这并不意味着变化发生在一个无形的基体中。

让我们来审视栖息在芝诺悖论边缘上的生命。因为一个物体不会在同一时刻出现在两个地方，我们可以通过指出箭在飞行中的每个时刻所处的位置（不在任何其他地方）来概括芝诺的结论。在某一位置上意味着静止，不过是暂时的。所以，箭头必须在每一个离散的时刻静止不动。因此，运动并不意味着发生了什么，至少不是我们坚持认为的基于时间的现象。

好吧，如果不加说明就这样否定运动，势必令人困惑。我们真正的意思是，运动并非发生于"外部空间"的事件，而是一种思维概念。我们能够提供的证据就是观察者会影响"外部"世界的运动这一事实。按照物理学家彼得·柯文尼（Peter Coveney）的话说，1990 年发表的一项被称为"量子芝诺效应"（Quantum Zeno Effect）的实验结果表明，"原子被盯着时不会动"。在接下来的几章中，我们会详细讨论在可见世界里这种现象实际上是如何发生的。

时间和空间是动物的直觉形式，是思维工具。因此，时间和空间并不是独立于生命而存在的外部实体。当我们感慨于时光的飞逝时，当我们为所爱之人的衰老及死去感到心痛时，这种体验就构成了人类对时间的流逝和存在的认知。对我们来讲，孩子们逐渐长大成人，而我们在一天天地衰老，这就是时间，时间属于我们。

第 8 章中探讨的 2000 年以来的一些新的实验结果都可以证实这一点。这些实验认为，宇宙、地球或其他任何事物的历史，即它们的"过去"，都不是某种固化的状态，而是只有在当前时刻、当人类观察它们时，才会展现出来的事物。

事实上，量子力学主张，在构成可观察宇宙的 10^{80} 个亚原子中，没有一个是真实存在的或有实际运动的。量子理论坚持认为，唯一真实的是从一直存在的模糊概率中显露出来的那些被观察到的事件。这一点是如此重要，需要我们不遗余力地弄清那些永远改变了时间和空间概念的实验。

由于我们遵循的是科学而不是猜想，所以我们可以毫不含糊地支持这个新的世界观。要让我们明白为何生物中心主义不是依据哲学或猜想获得的，其关键之处还在于，它根植于观察和实验。接下来要讨论的物理学问题并不困难，因为我们会避免提及复杂的方程式和技术层面的东西。尽管如此，那些真正反科学的人或者漠视量子力学是如何支持宇宙和观察者是一个统一体的人，可以直接跳过去阅读第 9 章了。

正如我们所见，量子理论是从对微观粒子的认识开始的。该理论认为，微观世界的粒子不遵循宏观世界的逻辑，而最终决定我们可见的宏观世界会发生什么的是微观世界。量子理论的支持者很快了解到，要想让这一理论派上用场，以便预测物理宇宙的行为，就不得不首先专门处理概率问题。因此，研究粒子可能出现的位置和它们可能的行为（遵循"粒子有确切的位置和行为"的反面观点）成为物理学的主流。这对理解宇宙世界大有裨益。在某种程度上说，我们能做得最好的事情莫过于了解事情发生的概率。我们越是能把握住这一点，就越是不会陷入焦躁不安的境地。

神奇的波粒二象性

量子力学真正奇怪的方面实际上始于著名的双缝干涉实验。稍后，我们会专门讨论这个实验的新版本。但是，如果你没有读过我们写的上一本书（或者如果你已经读过，那就把下面的介绍权当一次小复习），就让我们先来介绍一下这个在一百多年前首次做过，后来又被重复了无数次的经典演示。正是这一实验，毫无疑问地向人们首次展示了观察者是如何直接影响被感知的事物的。

这要从科学家仍在试图找出光的本质之时说起。牛顿曾经坚称，光是由粒子组成的，但其他研究人员不久就开始严重怀疑这种说法的真实性。

19 世纪初，英国的科学家托马斯·杨（Thomas Young）让一束光线穿过有一定间隔的孔，随后发现这样的实验设计意外地产生了一系列条纹[①]。这证明了光是由波组成的，因为这种条纹图案与一系列交替进行的"对消"和"加强"的干涉相一致，而只有波动会产生这些干涉。微粒或粒子永远无法互相湮灭，而当一个波的波峰与另外一个波的波谷相遇，则会互相抵消并完全消失。

在此后的近一个世纪里，物理学家坦然宣称，光是由波组成的。但 1887 年观察到的一个有趣的现象使人们对光有了新的认识，这个现象即光电效应（Photoelectric Effect）。根据爱因斯坦 1905 年的解释，在不同条件下，光好像是由一系列离散的、无质量的量子（即"光子"）构成的波。由于发现了光电效应的定律，爱因斯坦获得了 1921 年的诺贝尔物理学奖。爱因斯坦对光的波粒二象性的解释，实际上也成为开启量子力学大门的早期推动力之一。

第一个现代的双缝干涉实验是由英国物理学家杰弗里·泰勒（Geoffrey Taylor）于 1909 年完成的。首先，他在一块遮光板上开了两个孔（被称为左侧狭缝和右侧狭缝），让光通过这两个孔投射到探测屏上。每一个光子穿过左侧或右侧狭缝的概率各占 50%。现在的人们可以用"固态"的亚原子粒子代替光来做实验，比如用电子，但当时能用于该实验的仍然只有光。

我们可以一次发射包含大量光子的一束光，也可以一个接一个地发射光子，而结果是相同的。过一会儿后，所有这些光微粒理所当然地会在狭缝后面的探测屏上形成条纹。因为从光源出发的大多数光子的路径都是笔直向前的。按照逻辑来说，我们应该在每个狭缝后面都会看到一个亮条纹，如图 6-1 所示。

但事情并不是这样发生的。相反，我们得到了一系列奇怪的条纹图案，如图 6-2 所示。

[①] 1807 年，托马斯·杨在他的《自然哲学讲义》（*Course of Lectures on Natural Philosophy*）里第一次描述了双缝干涉实验：把一支蜡烛放在一张开了一个小孔的纸的前面，这样就形成了一个点光源。然后，在纸后面再放一张纸，不同的是第二张纸上开了两道平行的狭缝。从小孔中射出的光穿过两道狭缝投射到探测屏上，就形成了一系列明暗交替的条纹。

图 6-1　光子或电子穿过狭缝后，理应在每个狭缝后面形成可观察到的两条条纹状"光斑"

图 6-2　实际上，一种体现干涉结果的图案出现了，表明了干涉波的存在。即使每次只有一个光子或电子单独穿过狭缝，最终得到的依然是同样的干涉条纹。但是，这怎么可能呢？单个的电子或光子又如何能产生波才有的干涉行为呢

　　事实证明，如果光是由波而不是粒子构成的话，那么这种图案正如我们所料，是干涉条纹。波相互冲突，相互干扰，激起涟漪。如果你将两个鹅卵石同时扔进一个池塘，在一些波相遇的地方，会产生更大的波幅。同样，另外一些波的波峰可能会遇到其他波的波谷，在这种情形下，两个波便相互抵消了，那里的水面会恢复平静。

　　在这个完成于 20 世纪初的实验中，产生了波动现象特有的干涉条纹，这表明光是一种波，或者说，至少在这个实验中光显示出了波动的特性。更具吸引力的是，当人们后来在实验中使用了实体粒子如电子时，也得到了相

同的结果——这表明实物粒子也具有波动性！所以，从一开始，双缝干涉实验就取得了惊人的关于实体本质的信息。不幸的或者说幸运的是，这只是或者还只不过是一道开胃小菜。很少有人意识到，量子理论中真正奇异的事情，也就是那些热气腾腾的主菜，就要一道一道地上桌了。

最出乎意料的是，即使让光子或电子一颗一颗地互不相干地穿过狭缝，最终在探测屏上形成的也是同样的干涉条纹——这怎么可能呢？在这种情况下，是什么让电子或光子发生了干涉呢？为何能在不可再分的粒子单独通过狭缝时，也得到同样的干涉图案？

对于这桩怪事，从简单的逻辑学或经典物理学中根本无法找到令人满意的答案。起初，疯狂的想法不断涌现。有些人认为，在一个与我们的世界并存的平行宇宙中，另外一个实验者也在做同样的实验，可能是这个"隔壁邻居"的电子或光子在作怪，其电子干扰了我们的电子。这也太牵强附会了，几乎无法相信。

对于干涉条纹的成因，目前被普遍接受的解释是，光子或电子遇到几个狭缝时，可以选择从任何一个狭缝通过。但实际上，直到它被观察到之前，并没有作为真实的实体在真实的地方实际存在，也只有到达最后那道探测屏时，它才能被观察到。所以，在狭缝处，它随机选择通过某一条狭缝。虽说电子或光子是不可再分的，而且在任何情况下，它们都不会分裂，但是，直到我们观察到它们时，它们才成为真正的电子或光子。它们是在我们观察到它们之前到达狭缝的。

因此，它们作为前光子或前电子的"概率波"[1]而存在，适用不同的规则。穿过狭缝的不是真实的实体，而是幽灵般的概率。每个光子一下通过两个狭缝并且和自身干涉！在足够多的光子或电子穿过狭缝时，所有的概率波凝结成实体，当它们发生作用并被观察到时，我们就看见了整个干

---

①概率波，包括物质波、光波等，指空间中某点某时刻可能出现的概率。量子力学认为物质没有确定的位置，它表现出的宏观看起来的位置其实是对概率波函数的平均值，在不测量时，它出现在哪里都有可能，一旦测量，就会得到它的平均值和确定的位置。

涉图案。我们可以把概率波（没有人能够真的想象得出）想象成初级粒子或一个光子或电子实际存在前的状态。除非被观察到，否则它们永远达不到任何这样真实存在的状态。这就好像说，它不存在，但与此同时，它又有存在的所有可能性。

这当然很奇怪，但这显然是现实的运作方式。量子奇异性的大幕正在徐徐拉开。

量子理论中的互补原理（Complementarity）认为，我们观察的可以是此物，也可以是彼物，或者某物可以在此处，也可以在彼处，或者某物可以有此特性，也可以有彼特性，但是，那两者是互补的，且不可兼具。这又与著名的海森堡测不准原理挂上了钩。后者认为，人们无法同时精确地知道一个物体的坐标和动量，即测量坐标或动量的任何实验必然导致对其共轭变量的信息的不确定性。这取决于测量人的目的和使用的测量设备。海森堡说，事实上，所有的可能性同时存在，但只有一种可能性会在观察时实现。

观察行为为何会改变粒子状态？

假设我们想知道，某个给定的电子或光子在到达探测屏之前会从哪一个狭缝穿过。这是一个相当合理的问题，也相当容易找到答案。我们可以使用偏振光。偏振光的光波不以通常混合的方式，而是以横向或垂直的方式振动。（它们的取向也可以是缓慢地旋转，但为了尽可能保持简单，在讨论中，我们把类似"圆偏振"这样的偏振剔除了。）实际上，当光被反射时就会发生偏振。例如，你的太阳镜可以消除从窗户或海洋表面发出的眩光，因为经过加工处理的镜片可以阻止被反射的已发生偏振的光。然而，如果你的头稍微倾斜一下，那些反射光就会突然出现在你眼前。因此，每个偏振镜片设定在一个特定的角度，只允许两种光子中的一种穿过那个狭缝，这就有效地标记了这些光子，也让我们知道了那些光子穿过的路径。

当我们把各种偏振光混合起来使用时，像以前一样，我们会得到相同的结果。现在，让我们看一看，在使用"垂直"或"横向"的偏振光时，每个光子穿过的是哪个狭缝。我们已经使用过许多种不同的方法，但是我们选择哪种方法并不重要，重点是这个装置可以让我们观察到电子或光子在到达探测屏之前，究竟穿过了哪一个狭缝。

所以，我们又做了一次这个实验。与之前一样，一次只发射一个光子穿过狭缝。但不同的是，我们这次要明确每个光子穿越了哪一条狭缝。在每个狭缝前面放置偏振镜片（如图 6-3 所示）并发射一束光，这束光包含有横向和垂直对齐的光子，我们就可以获得光子的路径测定信息了。偏振镜片充当的是记号笔或收费站的角色，每块偏振镜片可以让有正确偏振的光子通过，并滤掉其他光子。如果把右侧狭缝前面的那个偏振镜片设置为"垂直"，那么我们就可以知道，只有垂直偏振的光子可以穿过右侧狭缝，并到达狭缝后的探测屏。

图 6-3　偏振镜片让观察者得知每个光子穿过了哪个狭缝。从某种程度上讲，科学家的这种做法使每个光粒子失去了同时选择两条路径的自由，并迫使它在进入狭缝之前物化成一个真实的物体（光子）。这导致干涉图案消失了。我们现在看到的是与两个狭缝对应的简单条纹图案

通过在左侧狭缝和右侧狭缝前面放置专门针对偏振相反光子的偏振镜片，我们可以了解每一个光子穿过的路径，因为，只"上下"振动的光子可以穿过右边的镜片，而只"横向"振动的光子则可以穿过左边的镜片。简而言之，我们就此获得了光子的路径测定信息。

令人吃惊的是，现在结果发生了戏剧性的变化。即使我们的偏振镜片并不会改变光子或电子，我们也得不到如图 6-2 所示的那种干涉图案了。现在，结果突然变成我们原来期待的那样，如果光子是粒子的话（如图 6-1 所示），大量"微粒"击中每个狭缝后面探测屏上的相应位置。这标志着干涉波形的条纹图案消失了。

　　这其中肯定有蹊跷。事实证明，恰恰是测量行为本身，即我们想要了解每个光子的路径的初衷，剥夺了光子在到达探测屏之前那种模糊的、不确定的选择两条路径的自由。

　　概率波函数一定会在我们的路径测定装置上坍塌（Collapse），因为这一次，我们在本质上观察（以获取认知）的是光子穿过狭缝之前和到达后面探测屏的情况。每个光子一旦失去其模糊的、随机的、不真实的状态，其作为波的特性就消失了。但是，为什么光子会选择概率波函数坍塌这种行为呢？它是怎么知道或在意到，观察者是否已经了解它将穿过哪个狭缝了呢？

　　为了解决这个问题，20 世纪最伟大的科学家做过无数次尝试，但都以失败而告终。我们想了解光子的路径，仅这一举动就引起光子在穿过狭缝之前变成了明确的实体。当然，物理学家也想知道，是否光子这一奇怪的行为是因为路径测定器或者科学家已尝试过的其他种类的某种设备和光子之间产生互动而引起的。但答案是否定的。在使用过的各种完全不同的路径测定器中，无一例外地都不会以任何方式干扰光子。然而，由于测得的光子的性质无不因此从波转化为粒子，结果总是无法获得干涉图案。多年以后，人们得出的最终结论是，同时获取路径测定信息，以及由能量波引起的干涉图案是不可能的。

　　这个路径测定实验表明，光子可以作为"粒子"存在，也可以作为"波"存在。如果它只穿过一个狭缝，而不是两个的话，它就一定是粒子；如果它同时模糊地穿过两个狭缝，那它就是波。但是，它们不能既被看作是粒子，又被看作是波。再次重申一下我们的重点：我们观察某个光子或电子的地方，也正是使其成为粒子或者波的地方。如果你还在怀疑是路径测定器的问题，那么就请你注意，在所有其他使用路径测定器的情况下，包括直到最后也不提供任何路径测定读数信息的双缝干涉实验中，干涉图案最终都明白无误地显现了，偏振镜片从来都无法对此结果产生丝毫影响。

我们别无选择，只能接受：我们作为观察者的这种存在，以及我们所使用的观察方法，都会完全改变我们正在观察的对象的性质。但是，我们需要更多的具有说服力的证据。事实证明：量子理论中最疯狂的预测之一，即"粒子纠缠态"（Particle Entanglement），会成为我们获得下一个有力证据的工具。

第 7 章

奇妙的量子纠缠

如果我们一定非要那鬼量子跃迁不可，那我后悔参与量子理论。

埃尔温·薛定谔（Erwin Schrödinger，量子力学奠基者）

在这个神奇的宇宙中，最奇怪、最神秘的事情是什么？

虽然供我们备选的事情有很多，但有一件绝对引人注目。虽然它现在已被物理学家广泛接受，但似乎仍让人困惑不解。探索这个问题时，我们需要快速了解有关光速研究方面那些耐人寻味之处。直到最近，光速似乎仍然是宇宙中的绝对速度极限。

1905 年，爱因斯坦赋予了一项观察值以不同寻常的意义。在过去几十年里，亨德里克·洛伦兹、乔治·菲茨杰拉德等人都做过这项观察。他们意识到，光以恒定速度运动，他们也明白这个观察值有多么引人注目。这意味着，快速行驶的汽车就和汽车停在那里时一样，前灯的光仍旧会以 300 000 千米／秒的恒定速度传播。

或者，请考虑这个现象：我们与恒星的相对速度受地球轨道的影响。我们与恒星天津四的相对速度 12 月时最大，6 月时最小，但它发出的光总是以相同的速度到达，就好像地球是静止不动的一样。再想象一下，无论你是静止不动还是在快速移动，比如在汽车或飞机上把手臂伸出去，如果风速都像光速一样是个常数，你感觉到的都是没有特别变化的微风——你会明白的。

所以，从一开始，光就表现出奇怪但却独一无二的特性。

当然，正如我们所看到的，还存在一个小问题，即光到底是什么。在上一章中我们看到，物理学家最终发现，光可能是波，也可能是粒子，这取决于观察和实验的方法。之后，在现代标准粒子模型中，光子被看作是携带着力的粒子，就像一个搬运工，把电磁力从一个地方传送到另外一个地方。

所以，光究竟是什么？问题是明确的，但答案有点模糊，因为光微粒（光子）会根据我们检测和分析它们的方式而有不同的表现。当一个光子与某个实体相遇时，它会表现得像个粒子，有点类似于有能量但无质量的微型子弹（假设你可以让它停止并加以测量，你会发现它没有质量）。它的能量取决于它的颜色，紫色光子的能量要比红色的大。

如果一个光子撞击金属微粒，它可以像子弹那样，以粒子特有的方式从金属中轰击出电子。在光的传播过程中，或许最好把它看成是带有能量的波。实际上，它是两种波。每一个光粒子包含一个磁能"脉冲"或"场"，其波动的强度取决于频率，同时，沿垂直于振动方向传播的还有另外一种波或场，即电场，两种波共同构成光子。电场、磁场相互激发，因此，两种波组成了所谓的电磁波。光以极快的恒定速度传播，相当于每秒绕地球飞行近8圈。

最近，研究人员因为能让光速大幅度减慢而上了新闻头条。我们一直都知道，光线穿过空气、水或其他稠密介质时，其速度会自动减慢。当阳光穿过你家的玻璃窗时，速度会减慢到约193 000千米／秒，但一旦穿过玻璃，就会恢复到正常速度。在特定条件下，光在密度较大的透明物质里可以趋向于停滞。最近，光子的速度被放慢至60千米／时。想象一下，光子以这个速度在高速公路上慢跑，连警察也只能干瞪眼——开不着罚单咯！

若我们在非真空状态下发射粒子，让它们穿过一些介质，那么在这些介质中，粒子的运动速度很容易超过介质中的光子运行的速度。举一个自然界中的例子：受大质量恒星附近强大磁场的影响（即同步过程），一些电子被掷向星云。在星云中，电子的运动速度会比其中的光速还快。当粒子打破了"光速障碍"时，它会创造出一条漂亮的淡蓝色激波，这被称为切伦科夫辐射（Cherenkov Radiation）。光是一种很奇怪的东西，但你慢慢就会习惯它了。

自始至终，光速在真空中的主导地位从未被撼动过，直到现在也是如此。让我们再次返回到奇怪的量子力学世界吧。与量子世界相比，爱丽丝在仙境中的冒险根本不算什么，至多是在公园里散步。量子世界也是一个仙境，在这里，我们看到粒子可以同时处于存在和不存在的状态，只有在人类瞥见它们的一瞬间，才会突然现身。

爱因斯坦憎恶的粒子现象

空间和时间具有不可分离性的想法是由约翰·贝尔（John Bell）于 20世纪 60 年代提出的。贝尔认为，无论是物质的粒子还是光的粒子，其实并没有本质上的区别，除非作为一种概率实体，否则都不能独立存在。（这无法想象，是吗？当然，你不是唯一一个感到无法想象的人。）正是观察行为本身导致了这个概率波函数的突然坍塌，这个物体才突然物化成实际的实体，出现在真实的位置上。

简而言之，一个或多个电子绕着原子核运动，每个电子在每一时刻都有真实的位置、有实际的运动，这种经典观念必须丢弃。取而代之的是，我们要把它们看成是处于一种不确定的状态，我们称之为叠加（Superposition）。在这种状态下，任何可能的状态都以一定的概率同时存在，并准备实现物化。在实验或观察完成的那一刻，电子从概率存在的状态转化为物理上的现实存在。

当一束光穿过某种晶体如 β - 硼酸钡时，两个处于纠缠态的粒子会被同时创造出来。在晶体内部，来自激光的紫色光子分裂成两个红色光子，每个红色光子的能量是原紫色光子的一半（波长是原来的两倍），所以能量既没有增加，也没有减少。

两个光子突然出现，向不同的方向飞去，但它们秘而不宣地共享一个波函数。若其中一个光子被观察到，它和其孪生光子的波函数就会随即同时坍塌，不管它们之间的距离有多远。

量子力学认为，即使这对处于纠缠态的粒子相隔半个宇宙之远，只要观察其中一个，也会使两个粒子都成为真实的实体。此外，它们一定会表现出互补性。

对于光来说，光子的光波可以按水平或垂直方向（极化）振动，对于电子来说，自旋可能是"向上"或"向下"的，所以，当纠缠态粒子的"可能性"或"波函数"坍塌时，两者就都不再是模糊的、并非真正存在的物体，而是现在突然物化成真的实体。如果一个光子或一个电子拥有一种属性（如电子的自旋可以向上或向下，光子可以横向或纵向振动），那么，其孪生粒子就总是呈现另外一种与之互补的属性。

真正让人吃惊的是，当其中一个粒子 A 被观察时，它的孪生粒子 B 就会"知道"它的另一个"我"，也就是粒子 A 发生了什么事（即粒子 A 已经变成了一个真实存在的光子或电子）。即使 A 的孪生粒子 B 在另一个星系，粒子 A 也会立刻呈现出互补的属性。在这个过程中，无论它们相隔有多远，所有的一切都会在瞬间完成（如图 7-1 所示）。

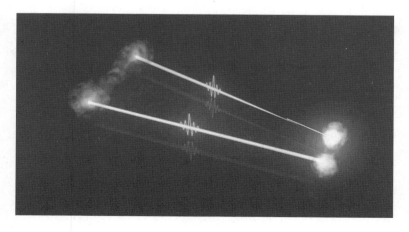

图 7-1　量子纠缠可以预测相隔甚远的一对量子的状态。即使对方远在天涯，双方的行为也相互关联，并会即刻响应

不需要时间，就好像它们之间没有隔空一样。从本质上讲，它们是一个硬币的两面。即使对我们来说，它们相隔着半个宇宙的距离，但它们之间的空间似乎并不存在。

爱因斯坦憎恨这种说法。因为他认为，在空间里，一个物体只能受其周围事物的影响。布鲁克林的一片叶子会被布鲁克林的风吹动，但不会因仙女座星系的一个星球上发生的农民起义产生的空气扰动而被瞬间推动。

1935 年，爱因斯坦和两位同事鲍里斯·波多尔斯基（Boris Podolsky）、纳森·罗森（Nathan Rosen），合写了一篇至今仍然备受瞩目的论文，他们在这篇文章中谈及量子理论的神秘特性。在审视纠缠的粒子（Entangled Particles）这一理论预测时，他们认为，因其中一个粒子的行为便可以了解另外一个粒子的行为，任何此类并行的行为一定是由于实验效应即实验干扰引起的，而不是某种"鬼魅般的超距作用"（Spooky Action at a Distance）。

该论文久负盛名，以至于人们根据这三位物理学家姓氏的首字母，把这种同步量子并行行为称为"EPR 悖论"。至于"超距作用"这一说法则被无数次地引用。从根本上说，它是对两个物体之间可能不存在空间或两个事件之间没有时间流逝这一荒谬想法的轻蔑或贬义表达。

很多事情因之改变。从某种程度上说，这个时期正是经典物理学和量子力学论战的关键时期，双方各执一词。经典物理学坚持因果决定论和定域性原理，爱因斯坦是站在这一方的。量子力学则游荡于奇怪的、模糊的量子窄巷中。颇具讽刺意味的是，正是爱因斯坦 1905 年在解释光电效应问题时提出的光子假说，进一步发展和推进了"量子"概念。

唯物实在论（传统观点的另一个标签）认为，物理对象不管是否被观察到，都是真实的。此外，可以通过发射光子之类的东西去创造接触物理对象的机会，或至少通过电场、磁场或引力场来接触物理对象。也就是说，物理对象只有在某种外力的影响下，才能彼此接触，否则，孤立的对象之间不能相互影响。当然，如果它们相隔甚远，一个对象上的电磁能量还没来得及到达另外一个，也无法做到相互接触。

上帝到底有没有掷骰子？

至于相隔甚远的两个物体不需要任何时间或不受两者之间的空间阻碍可以瞬间影响彼此的行为，爱因斯坦和他的同事们说，还是算了吧。简而言之，这不符合定域性原理。

那时候，物理学家尼尔斯·玻尔、保罗·狄拉克（Paul Dirac）和约翰·惠勒（John Wheeler）等人持有相反的观点，他们认为，物理对象可以处于纠缠或关联状态，从而使它们在本质上不可分。对一个对象的观察或测量（都是一回事儿）会实时地影响另外一个纠缠对象的状态，这与它们相距多远没有关系。对它们来说，时间和空间仿佛都不存在。此外，一个对象的波函数坍塌时，它从原来的不存在或一种概率存在变为一个实际的对象，而另外一个纠缠对象也会产生相同的结果，就好像观察者和两个对象同时在同一个地方一样。

爱因斯坦说，这绝对不可能！如果这是正确的，所有的一切，包括客观世界、物质的独立性、定域性的信念，以及经典物理学的根基唯物实在论，都将因此而改变。爱因斯坦可不希望精巧的、受类似台球机器统治着的宇宙，被换成一个正如他所说的事情只是以概率方式运作的世界。"上帝不掷骰子。"爱因斯坦不无嘲讽地说。让他无法接受的是，任何对象在纯粹的可能性或观察的基础上，会突然出现或者消失，尤其是当观察者并没有以任何方式接触对象，而只是想了解对象的时候。

换句话说，如果 EPR 悖论的确正确，那么，处于纠缠态的对象之间不存在任何联系（因为此观点违反了定域性原理），而观察者的意识对事件进程的影响，必定表明意识也是非定域性的，因而意识的确能够让"鬼魅般的超距作用"发生。正如埃尔温·薛定谔在 1935 年时所说："量子理论允许（成双成对的对象）任由实验者摆布。尽管（观察者）并没有接触它们，却能将它们引导到一种或另外一种状态。这是相当令人不安的事情。"

我们再充分强调一下经典物理学的主要观点：物理对象或光微粒有明确

───── 尼尔斯·玻尔 ─────

对于爱因斯坦"上帝不掷骰子"的嘲讽之辞，
尼尔斯·玻尔如此回应。

别再告诉我上帝该怎么做了。

的属性，比如存在于某个位置。此外，它们拥有实际的运动，或者可以说，它们是按照指向一定方向（或极化）的轴旋转的。宇宙中充满了这种对象。它们的这些特征独立于我们的测量或我们对它们的感知之外。这就是爱因斯坦支持的观点。

与之相反，量子理论坚称，在测量之前，任何对象都没有位置、动量、旋转或偏振这些特征。这就是为什么著名的物理学家约翰·惠勒会说"被观察到的现象才是真正的现象"。

而最近的一些实验（详见第9章）表明，爱因斯坦是错误的。准确理解我们是如何知道这一点，以及这样的实验演示是如何工作的对我们来说非常重要。所以，我们不要认为这个问题仍然是悬而未决之类的事情。还有一点也很重要，即我们也要消除那些从流行影片中获得的错误观念或影响。譬如，"如量子理论所说，我们可以独自控制未来"，这纯属捏造。量子理论已经够奇怪的了，没有必要再为其添加任何虚构的属性。

在讨论处于纠缠态的粒子通过时空瞬间交换信息时，我们还应注意到，爱因斯坦从未把时空看成一种绝对存在的自然框架，就好像它是渗透空间的某种三维坐标似的。

相反，他所创建的相对时空观，用数学的方法表明了在不同的参考系里（时空对于那些以不同速度运动或受到不同引力场影响的对象来说，是彼此相对的），每一个观察者对时间的流逝、对象的长度或测量的距离是如何感知的。爱因斯坦的广义相对论可以揭示每个观察者是如何测量距离、质量或时间的，随着这些方程的广泛应用，出现在观察者之间的矛盾和悖论都能够得到解决。

因此，爱因斯坦方程把原本不可侵犯的时间和空间降低了等级。一个物体和其他任何物体之间的距离不再是绝对的，时间间隔对于在所有地方的观察者来说也不再必须是相同的。相反，一个观察者所感知的1秒的时间流逝，在另一个观察者看来却可能是1 000年！因此，尽管公众已广泛接受了这个观点，即时间和空间是真实存在的实体，但本书的后面几章都会为此证伪。

爱因斯坦已经在一个多世纪前批驳过这个错误的认知。

　　尽管如此，人们共同持有的现实观却是这样的：物理的宇宙是在特定的、不可侵犯的时间里创生的，飘浮在空中的物体在宇宙中占有重要位置，宇宙继续与基于时间的框架同行。为此，我们想给出友情提示：把空间和时间从"常量"或绝对真实的事物中剔除，对于这一现实观来说无异于釜底抽薪。

第8章

鬼魅般的超距作用

这个理论有点像是一个极其聪明的偏执狂脑中的那套妄想。相信它的人陶醉地躺在这个柔软的枕头上，可我完全不能被说服。

阿尔伯特·爱因斯坦

1997 年，日内瓦一个名叫尼古拉斯·吉森（Nicolas Gisin）的研究员将一对纠缠态的光子通过两根光纤分别发送到相距近 11 千米远的两个地方。当其中一个光子经过吉森设置的特殊探测镜面，被迫做出随机选择——保持这种状态还是那种状态时，它的孪生光子总是在瞬间与其一起行动，并按照惯常做出了互补性选择。

关键是"瞬间"（Instantaneous）这个词。处于纠缠态的另一个光子做出响应的速度比光速还快——以当时的实验测试精度，所用的时间少于光穿越那 11 千米的距离所用时间的万分之一。据推测，两个光子的响应可能是同步的。事实上，量子理论预测，即使纠缠态粒子处于不同的星系相隔数十亿光年之远，当其中一个粒子的状态发生变化后，它的孪生粒子也会在瞬间做出响应。

这也未免太奇怪了。这种特殊现象造成的影响是如此之巨，使得一些物理学家开始积极寻找它的漏洞。在 2001 年，美国国家标准与技术研究所（National Institute of Standards and Technology）的研究员大卫·维因兰德（David Wineland）消除了批评方的一个主要论点。那些人认为，先前的实验检测的粒子数量不够多，因而争辩说，观察者只优先观察同步行动的粒子对，所以这种方法包含偏见。

维因兰德没有采用光子，而是采用了实物的、有静止质量的粒子，即铍离子进行实验。他的实验设备有非常高的探测性能，能够观察足够大比例的同步事件，因而回击了观察数量少的指责。

因此，这种奇妙的行为（指粒子的所谓超距作用）的确存在，是真实的。但是，当两个相互纠缠的对象相隔甚远时，其中一个是如何做到瞬间影响另外一个的行为或状态的呢？一些物理学家认为，这是一些未知的相互作用或力在起作用。

为了搞清楚这件事，本书的作者之一曾亲自请教过维因兰德，而他给出的也是越来越多的人接受的那种结论："真的有某种鬼魅般的超距作用存在。"当然，我们都明白，这相当于没有做出任何澄清。

情况就是这样。粒子和光子，物质和能量，看来都可以在整个宇宙范围内瞬间传输信息。光速不再是信息传输的限制。这可真是一个特大新闻。因为爱因斯坦的相对论认为，任何事物移动的速度都不可能超过光速，这在过去的一个世纪里也已经被所有的相关实验所证实。

根据爱因斯坦的观点，对于有一丁点儿重量或质量的东西，哪怕是一缕烟，无论使用什么样的动力，都不可能将之加速到光速。就算是像理论上预言的重力波或光子这种无质量的物质，也永远不能超过光速。

所以，上述量子信息，如果确实如此，一个物体对纠缠对象的响应不需要时间，就将意味着信息在以无穷大的速度传播——这令人震惊。

一些物理学家说，这并不违反相对论关于光速的速度限制，因为粒子信息的"发送"是随机的，是不可控的。其他人则认为，这是一种逃避。光速的限制现在已经被推翻了，我们应该接受这个事实，然后继续前行。事实上，在任何情况下，我们都不得不借助信息本身，而"有些事情"是会在瞬间被传送的。

纠缠态粒子双缝干涉实验引发的疑问

在清楚这一点之后,让我们再回到第 6 章的双缝干涉实验。但这一次,我们将使用纠缠态光子或纠缠态实物粒子。你还记得吗?对于前述双缝干涉实验,一个常会听到的观点是,我们的测量装置影响了光子或电子并改变了它们,所以,并不仅仅是我们大脑中的知识改变了实验的结果。但是,随着该实验反复且有效地进行,这种反对的理由已被排除在外了。

例如,2007 年,《科学美国人》报道了一项实验,该实验中采用偏振镜片侦测粒子的路径信息,把两个偏振镜片的光轴互相垂直地放在狭缝前面。正如我们在第 6 章中所看到的,偏振镜片可以将自然光分解成偏振光,这样我们就可以知道每个光子穿过的是哪一个狭缝。正如所料,干涉条纹消失了,如图 8-1 所示。一旦我们了解了每个光子穿过了哪一个狭缝,所有显示在探测屏上的干涉证据都会消失,探测屏上只有与狭缝相对应的两条分开的条纹。

图 8-1　一旦我们了解了每个光子穿过了哪一个狭缝,探测屏上就不会呈现干涉图样而是只有与狭缝相对应的两条分开的条纹

但引起光的波动性消失的原因真的是偏振镜片吗?也许偏振镜片与此有关,但与作为观察者的我们没有关系吗?绝对不是这样的!将一个不同的偏振镜片放在双缝与探测屏之间,让偏振镜片的光轴与双缝成 45 度角,就"擦除"了所有有用的偏振信息。现在光子随机地穿过两条狭缝,因而

我们得不到任何有用的路径测量信息。就在这种"加扰"（Scrambling）过滤器插入的那一刻，干涉图案又重新出现了。现在这个图案看起来与我们没有进行路径信息测量前看到的是一样的，如图 8-2 所示。

图 8-2　将一个光轴与双缝成 45 度角的偏振镜片放在双缝与探测屏之间，干涉图案又重新出现了

如果我们采用光子，实验要简单一些，而用实际的"实物"粒子做实验则具有更大的挑战性，尤其是一次只有一个粒子可以通过仪器的时候。直到 2008 年，首个见诸报道的使用真正单电子的双缝干涉实验才由朱里奥·波齐（Giulio Pozzi）和他的同事共同完成。

这个意大利研究团队还进行了一项实验，就是把其中一个狭缝塞住——正如所料，实验没有产生双缝干涉图案。直到 2012 年，这个团队才完成单电子的双缝干涉实验，记录了每次只有一个电子通过双狭缝的情况。重点是，现在科学界已经完全确认了这些不仅使用光，而且也使用实物粒子的双缝干涉实验得出的共同结论。

不过，直到 20 世纪末，当纠缠态粒子用于双缝干涉实验时，最令人震惊的实验结果才出现了，使整个世界感到困惑。现在，让我们使用 β - 硼酸钡晶体产生出纠缠态光子[①]。实验者把这些纠缠态光子向不同的方向发射。

①在 β - 硼酸钡晶体上通过自发参量下转换产生纠缠光子对是最常用的方法。

我们把它们的路径方向分别称为 A 和 B。

我们还是按最初的实验设计，使用偏振镜片来测定路径信息。现在，我们又增加了一个"符合计数器"（Coincidence Counter）。使用符合计数器的目的是当打开其开关时，我们可以获取信息，关闭其开关时，我们就不能获取信息，但它完全是与穿过双缝干涉装置的光子分离开的（如图 8-3）。它的工作原理非常简单，其电路阻止我们获取每个光子在探测屏 A 处的所有偏振信息，以及其将选择穿过"哪条狭缝"这样的路径信息——除非其纠缠态孪生光子几乎在同一时间撞击了探测屏 B。

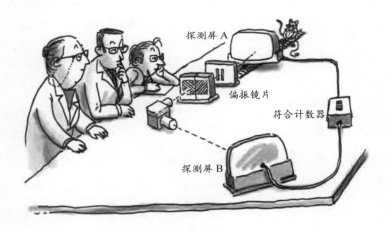

图 8-3　增加一个符合计数器可以让我们要么事先获知实验结果，要么事先切断我们的信息来源——即不以任何方式干扰符合计数器之外的其余部分。可以将探测屏 A（图中顶部）移得更近，以便做进一步的实验：通过减少 A 组光子到探测屏的距离，以减少 A 组光子到达探测屏的时间，我们可以了解到，在 A 组光子业已完成既定旅程后，B 组光子再完成到探测屏 B（图中底部）的旅程时会发生什么。结果表明，在量子世界，时间并不是真实的存在

我们以前看到，偏振镜片让我们可以得知每一个光子选择的是哪一条路径，因为每个偏振镜片只允许或是横向或是竖向振动的光波通过，最终探测屏上的图案突然改变为非干涉图案，表明光子已经从波变为粒子了。

在增加了符合计数器的这个实验中，纠缠态光子（A 和 B）按照各自的

路径到达两个探测屏（A 和 B），但只在光子 A 的路径上有一个双缝干涉装置。光子 B 直奔探测屏 B 而去。只有当两个探测屏在大致同一时间记录下光子的撞击，我们才能知道，这两个纠缠态光子已经到达了探测屏。符合计数器上只记录两个光子同时被检测到时的数据。

符合计数器处于打开状态时，如果我们移除路径 A 上的偏振镜片，在探测屏 A 上所产生的就是我们熟悉的干涉图案，如图 8-2 所示，这样的结果指向很明晰。我们不知道光子选择的是哪一个狭缝，所以，在它们最后撞击探测屏之前，一直都是概率波。

现在，重新将偏振镜片放到每一个狭缝前，它们可以测量沿着路径 A 运动的光子的路径信息。正如我们所料，干涉图案瞬间消失，取而代之的是粒子性图案，如图 8-1 所示。

到目前为止，所有的解释都令人满意。但现在我们变通一下，我们不以任何物理方式干预它们，即放弃对 A 组光子的路径信息的测定。我们甚至把偏振镜片留在那里不动。我们只是关掉符合计数器。在这里，符合计数器在提供纠缠态光子完成其旅程的信息方面起着至关重要的作用。

如果关掉符合计数器的开关，我们就不可能获得任何关于这些路径的信息。整个装置已经无法让我们了解经过路径 A 的单个光子会选择哪个狭缝，因为没有记录，我们就无法把它同它的孪生光子进行比较。必须说清楚：之所以把狭缝记录装置留在那里，只是针对光子 A。我们所做的只是放弃实验中对光子 A 的实际路径的探测。（这个装置可以将光子已"撞击"探测屏的信息传递给我们。也就是说，只有当 A 组光子在探测屏 A 被记录下来，符合计数器才会告诉我们：B 组光子也已经完成它们的旅程并在探测屏 B 被记录下来。关闭符合计数器，就不会有任何信息记录下来。）

结果是，当关掉符合计数器后，它们又变成波了——干涉图案回来了！选择路径 A 的光子在探测屏上所撞击的物理位置已经改变了。但对这些选择路径 A 的光子，从它们创生开始一直到它们到达探测屏的过程中，我们什么也没做。我们甚至把狭缝测量装置留在那里没动。我们所做的就是干预我们通过符合计数器获取信息的能力。唯一的变化发生在我们的头脑之中。

选择路径 A 的光子怎么可能知道，我们在远离它们路径的别的什么地方关掉了某一设备呢？量子理论告诉我们，即使我们把信息破坏者（已经关闭的符合计数器）放置在宇宙的另一端，我们也会得到同样的结果。

顺便说一下，这也高度证明了，导致光子从波转向粒子从而改变探测屏 A 上图案的，并不是那些狭缝测量设备——偏振镜片本身。即使它们各就各位，我们现在也可以得到干涉图案（当符合计数器开关关闭时）。光子或电子似乎记挂的是我们的知识。单单我们的知识就可以影响它们的行为。

这是很奇怪的事情。然而，每次做实验时，结果必定是如此。这些实验的结果无一例外地证明，观察者的意识似乎可以决定被观察对象的物理行为。事情还可以更奇怪一点吗？且听我们慢慢道来。

到目前为止，这个关闭符合计数器的实验放弃了对路径信息的测定，接下来让我们一起看看在 2002 年进行的一次更彻底的实验吧。首先，我们要把探测屏 A 放得更近一些，以缩短选择路径 A 的光子到达探测屏 A 的时间。这样的话，选择路径 B 的光子在选择路径 A 的光子完成了它们的旅程后，才到达探测屏 B（符合计数器开关为打开状态，所以记录了相关数据）。

但奇怪的是，结果并不会改变。当我们在路径 A 上插入偏振镜片时，干涉图案消失了，即使这是符合计数器让我们获取 A 组光子的测定路径信息之后才发生的。

但是这怎么可能呢？选择路径 A 的光子业已完成了它们的旅程。它们要么穿过一个或另一个狭缝，或两个狭缝，要么坍塌其波函数，成为一个粒子，又或者它们还没有成为粒子。反正游戏已经结束，动作也已经完成。它们中的每个光子都已经到达了最后的探测屏并被检测到了。这都是在光子 B 完成自己的旅程，从而引发符合计数器提供有用的测定路径信息之前完成的。

光子为何会知道我们是否会在未来获得测定路径的信息呢？不知以何种方式，光子 A 确实知道测量路径的信息数据是否最终会出现。它知道什么时候其波动的相关状态可以出现，什么时候可以安全地通过两个狭缝，并保持其模糊的、可以同时穿过双狭缝的状态，以及什么时候不可以。因为它显然知道在远处的光子 B 是否会最终到达探测屏，并激活符合计数器，由计数器最终向我们传递一个有用的信号。

关于我们是如何设计实验的并不重要。我们的大脑和它所具备或缺乏的知识是决定这些光或物质粒子行为的唯一事物。

这些结果与著名的物理学家约翰·惠勒早在 20 世纪 70 年代所赞同的观点相一致。掌握了约翰·贝尔在数学上涉及波函数坍塌部分思想精髓的惠勒说，只有观察者决定现实，否则现实不存在。惠勒在 1978 年的论文《"过去"和"延迟选择"双缝干涉实验》（The "Past" and the "Delayed-Choice" Double-Slit Experiment）中对四分之一世纪之后的这些刚刚描述过的实验很有启示作用。

当时，惠勒解释道："量子层面的自然界不是一个只按不可变更的方式运行的机器。我们得到的答案取决于我们提出的是什么问题、我们如何设计实验以及我们选择什么样的设备。我们不可避免地参与到一些似乎要发生的事情中去。"

惠勒设计了一个有趣的通过想象完成的思想实验。利用强大的质量或重力会扭曲时空这一事实，他想象来自遥远星空的点光源，比如类星体的光子，在途中必须穿过前面巨大的星系来到我们眼前。如果遥远的类星体、居于中间的巨大星系和地球都在一条直线上的话，那么，到达地球的每个光子的路径都会被中途星系的引力扭曲，它们只能穿过星系的上方或下方。

光子不能直接通过处于前方的星系，是因为星系的质量改变了时空的实际几何图形，所以，从类星体到地球最短的"高速公路"不再是一条看似笔直的线。无论如何，即使类星体的光想穿过星系，星系上的物质也会阻止它。光子在抵达地球上的望远镜之前，它将持续旅行数十亿年（如图 8-4）。

如果那些光子真的各有 50% 的机会选择任一条路径的话，每个光子各自会选择哪一条？

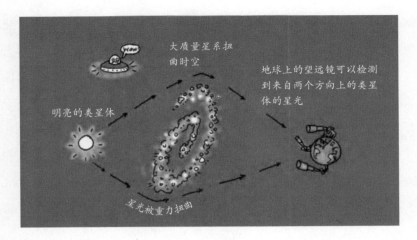

图 8-4　我们当前的观察决定了数十亿年前来自一颗遥远类星体的光子穿过太空时的路径

惠勒的结论是数十亿年前的事件并没有真实地发生，直到今天我们观察到了它，它才发生。只有现在的人通过观察，一个特定的光子才在几十亿年前穿过前方星系的上方或下方。

换句话说，过去并不是已经不可逆转地发生过了的事件，相反，事件是否发生过取决于当前的观察者。事件在此时时刻被观察到之前，从未真正展开过，而是处于一种模糊的、可能的状态。一切已然就绪，只有在我们当前的观察发生后，它们才立即成为实际的"过去"。这种惊人的可能性被称作逆因果律（retrocausality）。

这似乎是不可能的，但把来自遥远类星体的光的性质看成是波还是粒子的实验，实际上已经开始并在进行中。到目前为止，实验结果都对我们的观点予以了支持。

逆因果律：过去或许并未发生过？

尽管逆因果律还在研究中，但人们对量子事件的瞬时性特点不再抱怀疑的态度。此外，尽管一些人认为，这种行为只局限于量子世界，但"双世界"

（Two-World）观（即认为一套规律适用于量子世界，而另一套适用于宇宙的其余部分，包括我们人类）正在世界各地的实验室里被质疑。2011年，研究人员在《自然》杂志上发表的一项研究表明，量子行为可以扩展到日常生活领域中。事实上，量子理论本身也表明，量子效应该完全能够扩展到我们日常的宏观世界中。

在2010年10月的《科学美国人》上，理论物理学家史蒂芬·霍金和莱昂纳德·蒙洛迪诺（Leonard Mlodinow）论述道："我们没有办法把观察者（人类）从我们对世界的各种感知中剔除。在经典物理学中，过去被当成一系列确定的存在，但根据量子力学，过去与未来一样，是不确定的，只是作为众多可能性的连续体而存在。"

令人惊讶的是，对于量子力学与经典物理学的这种分歧，公众仍然知之甚少，大多数人甚至将量子理论视为异数。

我们知道该如何解释这件事吗？如果一个物理对象，比如一个原子、光子甚至是分子，都可以从纯粹的可能性中"坍塌"成一个实际的对象，同时，即使它的孪生对象远在宇宙的另一边，后者也会知道这一点并瞬间响应，从而呈现出镜像属性。我们该如何解释这种运行机制呢？

也许，我们最好还是假设，有一个未知的领域弥散在我们的现实世界里，那是一个独立于行星环绕恒星轨道运行所在的时空之外的领域。因此，当爱因斯坦带着嘲讽的口吻，说这是"鬼魅般的超距作用"时，对于正在发生的事件而言，这还算不上是过度反应。这个领域确实是够邪门的。物理学家把距离很远的两个物体之间的那种非信号传递式的交流称作"非定域相关性"（Nonlocal Correlation），其他人只能说，这意味着量子纠缠代表着一枚硬币的两个面，好像这么说也算是提供了解释似的。

它的真正含义是，有一个潜藏着的现实，它连接着宇宙的所有部分。在这个领域中，任何东西和其他东西之间都不存在分离态。而且，这一领域会制造出可以在时空或者在可观察的物理宇宙里突然冒出来的事件。

换句话说，在经典物理学中，物体之间是不可能产生瞬间联系的，在我们一直想象的自己置身于其中的宇宙里，这也是不可能的。例如，光需要花一个多小时才能走过地球和土星之间的距离，而我们就算用最好的飞船也要花很多年才能到达土星，这是一种真正的分离态。然而，与此同时，这个空间是一个单一体系中必不可少的一部分。在这个体系中，地球和土星上的物体可以同时取得联系。

一个又一个的实验表明，是我们的意识和精神，创造出了时间和空间，而不是相反。没有意识，时间和空间什么都不是。在时空领域中，意识与物体是相互关联的。

得出这样的结论似乎不可避免。弥漫在宇宙中的是人的精神领域。人的观察会导致对象的物化，呈现出一种或另外一种属性，或者从一个位置跳转到另外一个位置，而不需要穿过任何介于中间的空间。

这个结论被看成是颠覆逻辑的观点，但这些都是真实的，并进行了多次的实验验证，没有物理学家会怀疑它们。正如获得诺贝尔奖的物理学家理查德·费曼曾经说过的："我可以毫不夸张地说，没有人能真正理解量子力学……如果你能避开它，也不要不停地对自己说，'但怎么能是这样的呢？'因为你会陷入死胡同，没有人可以从中逃脱。"

但是，有史以来第一遭，生物中心主义抓住了以上所有，因为，思维并不是物质世界的次生品，相反，它与物质世界共存。我们超越了个体而存在，即使个体死去，人类的精神仍将永恒。这是永生不可或缺的前奏。

第 9 章

宇宙空间并不空

道始于虚廓，虚廓生宇宙，宇宙生气。

刘安，《淮南子》（公元前 2 世纪）

　　根据现代宇宙观，作为微小的无足轻重的原生质微粒和大自然的幸运儿，人类身居地球，向上仰望浩瀚无垠的宇宙，眼前是巨大的无以名状的虚空。我们倍感渺小。

　　但是，正如我们会在第 12 章中谈到的那样，我们不是在仰望宇宙时才看到了宇宙空间，相反，宇宙空间是在我们身体内大脑所在地呈现出来的丰富多彩的 3D 视觉体验。然而，所有那些所谓的虚无，那些恒星与恒星之间、星系与星系之间死寂的空缺是什么呢？只要摒弃虚空的太空，在很大程度上同时也会使我们放弃孤岛般的小小的"我"在一个巨大而荒凉的身外宇宙里勇敢前行这一概念。这对于推翻现代宇宙观中关于无以名状的虚空占据着浩瀚太空的说法不无裨益。

　　相比之下，生物中心主义的观点是，"空间"在很大程度上是一种秩序感，而这种秩序感完全是由大脑通过自动计算而产生的。在远离观察者的地方，并不存在真正的虚空。

　　基于这些理由，对于空间本质的探讨变得极为重要。我们的观点对于任何发现"虚无"的人来说，也是美事一桩。这是因为，抛弃现存的"虚无"

这一主流观点会让他感觉轻松不少，于是"存在"这个词顺理成章地成为关键。我们愉快地划着船，从一条名为"存在"的河流顺流而下，从检验其对立面——虚无，开启了我们的快乐之旅。

迈克尔逊-莫雷实验证明"以太不存在"

根据物理教材，宇宙似乎是一个巨大的、空洞的虚像球。然而，即使是在地球上，我们所看到的周围一切都是幻象。如果把地球上所有物质每个原子内的所有空置的空间去除掉，那么整个地球就会被压缩成弹丸大小。这颗弹丸会成为黑洞，因为密度如此之大的物体会增加其自身引力场，以至于任何光线都无法逃逸。这颗弹丸的质量高达 6×10^{21} 吨。

地球之外的太空实际上与原子内的空间是不一样的，后者是由于缺乏已知的物质造成的。富于幻想的科幻小说作家，有时会把太阳系中行星绕着太阳的旋转与电子围绕着原子核的旋相类比。实际上，这是一个非常糟糕的比喻。相对于它们组件的尺寸大小而言，原子系统内部的空置空间比太阳系大一万倍。尽管如此，行星和恒星之间有什么，仅凭我们的肉眼和望远镜，几乎是观察不到的。然而，这并不意味着宇宙空间空无一物。事实证明，情况恰恰相反。

自从人类有了最早的文字记录的时候起，空间的本质问题一直在困扰着人类。古希腊的逻辑学家认为，宇宙中似乎空无一物的部分不可能是虚空的，因为不可能存在虚无（Nothingness）。他们说，"be nothing"这一短语本身要求我们使用"to be"，这意味着"存在"，而接着我们却试图否定"存在"。他们认为，"being nothing"这个短语本身就是一个矛盾体，这很像是在说，你在走，又不在走。

由于受文艺复兴时期及之后欧美深刻的思想家带来的思想繁荣余波之影响，大多数 18 世纪和 19 世纪的科学家认为，光是由波构成的（牛顿是一个显著的例外，因为他把光看作是粒子），而且波需要借助某种介质才能传播。

在我们还是十几岁的青少年时，喜欢听汽车收音机，收音机发出的声波需要借助空气才能让人听到低音。同样，人们相信来自太阳或其他星体的光波必须通过介质，才能把光的颤动从那里带到这里。在听到"根本没有'空无'这种东西"的宣讲时，教会的信徒会反复不停地喊"阿门"，因为如果神是无处不在的，那么就不能有任何真空的存在。

因此，科学、宗教和哲学界都有很多人反对这种论调，而他们的观点占主导地位。如果你是赞成真空的人，就会被认为是疯子。填满所有宇宙空间的东西起初被称作"充满物质的空间"（Plenum），后来被称作"以太"（Ether），这种观点延续了数个世纪。

1887 年，史上最著名的实验之一——迈克尔逊 - 莫雷实验完成后，"以太"这一观点才被推翻。阿尔伯特·迈克尔逊（Albert Michelson）认为，假如地球正在"以太"中穿行，沿地球轨道运行方向上传播的光要稍快一点。与垂直于地球运行轨道的方向相比，这些光从镜子上反射回来的时间要早一点。

如果你想搞清楚为什么会这样，我们不妨先假设一下，美国职棒大联盟的总干事允许破例一次，让一名棒球投手从一辆快速行驶的皮卡的车厢上完成他最好的一次投掷。当卡车到达投手区时，这名投手将球投掷出去，球越过驾驶室顶部，飞向击球区。这样，球的落地点与击球手之间的距离还是和平常的一样远：18 米。

如果皮卡在到达投手区时的速度是 160 千米 / 时，如果投球手以 160 千米 / 时的速度投出他的球，击球手就要盯着这个以 320 千米 / 时的速度扑面而来的球。我们至少可以这么说，击球手面临着非常大的挑战。

与之同理，19 世纪的物理学家认为，如果沿地球前进的方向发射光束，每个光子的速度会增加 106 217 千米 / 时。相比之下，我们发射的光束如果与地球运动前进轨道的方向相偏离，尤其是与地球运动前进轨道的方向相反时，光子的速度会减慢。有没有一种方法可以测量并验证这种效果呢？

在爱德华·莫雷（Edward Morley）的协助下，迈克尔逊设计了一个实验。

实验装置带有多面反射镜，整个装置安放在稳固的混凝土台基上的水银池中，以便于旋转。他们首先按照地球运动轨道前进的方向发射光束，光到达一面镜子并反射回来，他们测量了其时间间隔。反射回来的光应该会更快，因为把一个壁球击向墙壁的速度越快，球向你反弹回来的速度就越快。

　　然后，他们把这个装置旋转了 90 度后，发射了另外一束光。这次，光到达的是另外一面会使光的方向与地球运动轨道前进方向相偏离的镜子。结果是无可争议的。光来回穿过所谓充满整个宇宙（包括我们家里每个房间）的"以太流"（Ether Stream），所需的时间与前一次的测量完全相同。有两种可能：要么地球停止了绕日轨道的运行，要么"以太"不存在。但前者显然太奇怪了，不会得到认可。该实验认为，光有一个恒定的速度，独立于其他的一切。

　　几年后，爱因斯坦解决了此问题。他于 1905 年第一次发表的相对论（即狭义相对论）表明，真空中的光速也是一样的，光波是电磁脉冲，不需要任何介质传播。这真是令人欢欣鼓舞的消息。因为之前人们认为，当行星穿过某种物质时，不受丝毫的阻碍的确是不合理的事情。现在，摆脱"以太"的时候到了。

　　因而，"虚无"存在的观点被颠覆。"空无一物"（Nothing）的宇宙空间让大家都感到高兴。甚至连教会也不再持反真空论调了。

　　但事情进展得恐怕还没有那么快。有证据表明，来自遥远星球的光的一小部分被某种细微的中间物质吸收了。毕竟再微小的东西都会占据一定的空间。初步的计算显示，平均而言，每立方厘米的空间里漂浮着一个原子。

　　在地球的周围，微小物质的浓度要高得多，因为太阳源源不断地喷发出离子流。20 世纪 50 年代，物理学家尤金·帕克（Eugene Parker）首次为这种现象取名为"太阳风"（Solar Wind）。在 50 年代末期第一批人造卫星发射期间，这种现象得到了证实。太阳风的平均密度是，在每块方糖大小的空间里，约有 3 到 6 个原子。即便如此，太阳风的强度足以使彗星产生尾巴，就像机场的风向标一样，那些尾巴总是远离太阳。

充满能量却又"空无一物"的太空

大约在 1 个世纪前，人们发现，有极少量的在宇宙空间漂浮或移动着的物质可被地球吸收，这些物质来源于不断到达地球的宇宙射线。这些射线可能来自遥远的爆炸事件，如超新星爆发。当恒星爆炸时，它们会猛烈地向外抛出物质。

尽管如此，太空如此巨大，就算将其称为高真空（Hard Vacuum）也不为过。所以，我们通常所说的那些填充着世界每个角落的东西都在哪儿呢？关键是，仅仅列举一些空间粒子的密度数据是不够的，关于"空间"，还有更多可以述说。

首先，太空中弥漫着场。磁场和电场充满宇宙。而这些场有能力影响带电粒子的运动。太空里也充斥着大量各种各样的光子，它们是宇宙中最普遍存在的实体。第二种普遍存在的实体是中微子。它们也不断地在整个宇宙中横冲直撞。每秒就有 1 万亿个中微子穿过你的指甲。根据物理学家所说，引力波流（Gravity Waves Flow）无处不在。因此，即使很多东西质量很轻，或者根本没有质量，但它们都在场内。

还存在使可见宇宙不断膨胀的所谓暗能量。在 1998 年之前，暗能量的存在仍然未知。科学家将一种特殊类型的超新星[①]作为光度的"标准烛光"（Standard Candle），新测量表明，宇宙正在加速膨胀。即使在某一次爆炸中，迅速喷涌出的物质的速度正在迅速放缓，但在整个宇宙中，喷涌出的物质获得的能量越来越大。这种情形似乎是在宇宙的年龄为当前一半时，即约 70 亿年前的某个时候开始的。就好像每个星系群都有自己强大的火箭发动机似的，这些发动机在那一刻突然同时打开。

这显然是不太可能的事。物理学家不得不为此寻求合理的解释，而暗能量的存在就是最佳猜测。当然，除了暗能量一定具有某种类似于反重力的效

---

①这里指 I 型超新星，其亮度是一个定值，可通过测定它来测定天体的距离。

果之外，我们对其一无所知。它弥漫于整个太空。从理论上讲，当宇宙膨胀到足够大时，星系之间的距离大到足以让这种暗能量的作用开始超越引力。宇宙空间变得越发空虚，暗能量就越占优势，因为极度虚空的空间就是这种排斥力的发源地。此外，由于能量和质量是等价的，推动宇宙膨胀所需的能量是如此巨大，所以，这种暗能量必然是整个宇宙的主宰！

如果太空的这种本质属性是宇宙大爆炸的根本原因，那么，宇宙仍处于爆炸中，这要得益于太空是"空"的。因此，在最近的一次测量中，太空的"空无"开始看起来好像实际上是一个至关重要的并且强大的存在。如今，宇宙被认为是塞满了真空能量的，实际上充斥着不可思议的力量。

虚空的一个完全不同的方面是难以把握。单此因素就将我们对太空的认识从具有逻辑性变成了充满神秘感。我们已经看见，特别是自 20 世纪 90 年代末以来，一些实验已经证实了量子的纠缠态。两个光子或两个真实的物理对象，甚至物质丛，能够一起创生，在飞离之后各自独立存在，但它们总是能够"知晓"另外一个（或另外一些）的状况。如果其中一个被测量或观察，它的孪生对象就会知道此事正在发生，并在瞬间扮作具有互补特性的粒子或光子。即使纠缠态粒子被星系分隔开很远，这种"信息"仍可以穿过空间，也不需要任何时间。简而言之，太空可以被瞬间穿透：零时间、零距离。

所有这些都在强烈地表明，在某种程度上，对象之间的空间并不是真实的。虚空不再是我们过去曾经认为的那样。如果相隔不管多远的对象之间的联络都可以瞬间完成，这对空间或间隔意味着什么呢？

如果这还不足以为所有不管间隔有多明显的对象建立基于科学的连通性，那么，还有更多的理论支撑。爱因斯坦的狭义相对论表明，空间不是一个常数，因此空间在本质上不是独立存在的实体。高速运动使居于中间的空间急剧缩小。当我们在野营之地，仰望繁星点点的夜空思考宇宙时，会惊叹于距离的遥远和宇宙空间的浩瀚。

但实验一再证明，这种我们与任何其他对象之间似乎存在着的距离，是要服从爱因斯坦的基于参考系的观点的，因此并没有现实的内在基础。这就是为什么爱因斯坦本人也放弃了把空间本身作为任何可信实体的想法。他使用了一个新的数学概念即时空来代替空间。他的启示是空间所呈现出来的特性是不确定的，因为它时常改变大小。任何两个物体之间的距离都不是真实可信的，也不是不可侵犯的。

只要改变一下你的运动速度，或让你的房地产经纪人帮你在引力更大的星球上找一处漂亮的乡间别墅，你在观察星星时就会发现，所有那些星星现在看起来与你平时感受到的距离完全不同。如果我们以 99.9999999% 的光速穿过一个大起居室，每一种测量仪器和我们的知觉都会告诉我们，这个起居室的大小只不过是实际的 1/22 360，比句子末尾的句号大不了多少。空间几乎完全消失了。那么，在我们观察宇宙，甚至观察我们的地球环境中的对象时，被认为值得信赖的空间在哪儿呢？

在所有关于空间问题的科学探讨中，尚没有一个试探性的或者被物理学家所怀疑的理论，能够隐约逼近这样的问题：间隔或距离是客观上的存在，或者，只不过是我们的大脑不停地赋予我们所看到的世界以秩序的结果？要知道，我们只能看到波长在一定范围内的电磁波，也只能感觉到那些与我们的电场相遇的对象。仅凭这些知觉，我们就能感知好像没有东西或者存在空的空间。

因此，可视化的空间是有机体心理逻辑的一部分。人类内置的心理软件系统将感知到的东西塑造成多维物体，从而让我们得以了解世界并完成所有重要的机体功能，比如寻找食物，或者寻找我们藏匿起来的电视遥控器。

当我们想到所有这些的时候，大多数人可能会把空间看作是一种巨大的没有任何屏障的仓库，可以容纳所有可见的实体，无数独立的对象似乎潜伏在这个巨大的、容量无限的仓库里。要想把这些对象看作独立的物品，我们就要把每个对象的图像印在脑海里，这样才能将之作为独立的实体，与周围的空间区分开来。

但这些间隔只不过是心理建构。当我们在观赏一条瀑布时，我们是把下落的水滴之间的空间看作是间隔，还是相反，把那些空间都看作是"瀑布这个对象"的一部分呢？水雾应该算瀑布的一部分，还是不算呢？那太阳呢？你会把太阳的内部当作瀑布的"外部空间"吗？

我们中的大多数人会说：不会，因为整个太阳是一个单一的物质体。然而，太阳的气体和等离子体几乎完全是空的空间，组成太阳的每个原子更是如此。因而，我们对这个问题思考得越多，关于什么是或者什么不是空的空间的概念，就会变得越来越随心所欲。

卡西米尔效应：无中生有的"真空能量"

还有更多问题。比如说，真实的虚无里当然不会有活力，也不会有动力。那么，单纯的虚空怎么可能会呈现出生机勃勃的动态呢？然而，半个多世纪以来，天体物理学家一直认为，宇宙广阔的虚空里充满了能量。我们会看到，如果沿着这个思路走下去，我们现在就越有可能把握住思维——自然混合体的无限原始动力。

我们已经看到，无论多么寒冷、完美的真空，还是会被星光、红外热辐射和热烘烘的大爆炸所遗留的微波穿透。它们在真空中传播，不需要任何介质。因为能量和质量是等价的，所以快速地在空间穿行而过的这些波意味着，不可能有真正的真空存在。

但与真正的反虚无的报道相比，这只是技术上的吹毛求疵。德国物理学家海森堡发表于1927年的海森堡不确定性原理声称，不可能存在完美的真空。当时，这一原理得到了其他理论物理学家的支持。他们认为，空无一物的空间应该包含一种奇特的能量。当时，即使理论上说，每立方厘米空的空间应该包含的能量，比宇宙中每一个即将被制成原子弹的原子所包含的要大，但在当时，没有人能够找到任何能量的蛛丝马迹。

这很难一下子说清楚，不过，最终，海森堡的观点被证明是正确的。实验证据表明，像电子及其反物质正电子这样的"虚粒子"，无时无刻，无论在任何地方，都会噼噼啪啪地从虚无中突然冒出来。每个粒子通常只存在一万亿分之一的十亿分之一秒，然后就消失了。如果一个虚拟粒子可以从周围存在的能量场借用一些能量的话，它就可以永远存在。因此，看似空荡荡的宇宙实则挤满了生机勃勃的、倏忽而逝的粒子，它们就像在滚烫的烤盘上跳动的跳蚤。

物理学家现在认为，这个潜在的"真空能量"（Vacuum Energy）不仅仅是无处不在的，而且产生的力也是相当巨大的。对每一小块看似空无一物的空间的能量的估计，存在很大的差异性。很可能蛋黄酱罐内部那么大小的空间内所包含的能量，就足以立即烤干太平洋。

事实上，科学家对于这种遍及宇宙空间的能量的理解仍然处于初级阶段。对于真空能量密度的理论估算值与迄今能得到的测量值之间相差 100 个数量级，这种被称为"真空灾变"（Vacuum Catastrophe）的差异令人非常不安。

尽管真空究竟有多大仍是未知数，但对于其存在几乎没人怀疑。为了证明这一点，我们先来看看卡西米尔效应①是怎么一回事。这一效应是以荷兰物理学家亨德里克·卡西米尔（Hendrik Casimir）的名字命名的。卡西米尔在 1948 年做了一项奇怪的预测。他说，如果你将两片金属平板平行悬挂起来，让它们彼此非常靠近，那么你会限制这两块金属板之间的真空力（Vacuum Power），因为能量波需要一定的施展空间。

这就是为什么在狭窄的海湾没有海浪的原因，也是当你凝视微波炉时，为什么你的眼睛不会被灼伤的原因。微波波长太大，不能穿过微波炉门上金属网格中的小洞。所以，两块金属板之间的狭窄空隙限制了虚拟粒子获得的波长。但两块金属板之外的量子能量没有变化，这促使两块板贴合在一起。

是的，这真的会发生。卡西米尔效应是真实存在的。当我们把两块金属板分开悬挂，距离是一个原子宽度的 100 倍时，两块金属板并不会保持不动，

---

①卡西米尔效应（Casimir Effect），是在真空中两片平行的平坦金属板之间的吸引压力。这种压力是由平板之间的空间中的虚粒子的数目比正常数目小造成的。这一理论的特别之处是，"卡西米尔力"通常情况下只会导致物体间的"相互吸引"，而非"相互排斥"。

相反，它们会不由自主地向对方移动，最后以大约每平方厘米 9.8 牛顿的吸引力贴合在一起。距离移近两倍，吸引力会增加 16 倍。空间里有某种东西产生了一股强大的力量。

一些梦想家希望利用真空能量给这个世界提供无限的免费能源，也就是"无中生有"的能源。但有一个问题。这种能量在各处均等地存在，所以我们感受不到它，也检测不到它。能量只从能量大的地方向能量小的地方流动，就像热量只流向热量少的地方一样。所以你应如何设置条件，才能让一个空间区域的能量比别的区域少呢？你怎么才能让这种能量流向你，从而控制它，让它创造出无限的免费能量呢？

我们能得到的最接近的条件是，当温度降低到绝对零度即零下 273.15 摄氏度时，所有的分子运动都趋于停止。那时，也只有在那时，才能展现出这种无处不在的能量。因而，这种能量也被称为零点能量（Zero-Point Energy）。

有证据表明，这种隐藏的能量在那时才展示出自身的特征。在绝对零度，氦无法仍然保持液态，会变成固态。在温度降到绝对零度的过程中，如果氦不能得到一点点防止其凝成固体的能量的话，就无法继续保持其原来的液体的状态，一定会凝成固态（无论有多冷，能量是唯一使物质不会冻结的因素）。所以，当所有其他能量都不在场时，零点能量显现出来。如果想让这无限的量子泡沫能量流向你，你必须创建出低于绝对零度的条件。这意味着你就要使原子移动的速度慢于"停止"。

让原子移动的速度比"停止"还慢？面对这个问题，再富于哲思的希腊人也会无能为力。如果解决了这个问题，宇宙的能量就都归你了。与此同时，我们必须搞清楚以下这点：充满宇宙空间的能量是如此之巨，与之相比，我们周围微弱的光波和电场似乎只不过是懦弱的觊觎者——这意味着，隐藏在意识和生命之后的"自我"本身，这一构成所有万物这一存在的要件，这一被隔离在基体、前景、我们人类全部的经历之外的虚空，实际上是一个难以想象的强大实体。

你为何不能"拥有"虚无

宇宙的能量已经超出了预期的规模，潜力无限。我们在视觉上看不到、身体上也感觉不到的任何东西，意味着什么也不是。我们内置的感官系统是为了让我们感知日常生活中有用的东西。如果是去感知渗透到现实里每一个缝隙中的超能量，又有何用处呢？

所以，我们最好改变一下思考宇宙的方式，把可以看见的对象仅仅视作漂浮物，它们借助更为强大的潜在的真空能量显现出来。真空能量往往被忽视，只不过是因为我们在视觉上感知不到它。以这种不同的思维方式，我们能感知到一个基本的统一体、而不是被空间分隔开的单个实体吗？在任何情况下，我们的思维都限定在颜色、形状及功用的界限内，难道我们没有意识到，这阻碍了我们对事物的认知吗？所以，空间到底是真实存在，还是纯属我们的知觉呢？

让我们总结一下。首先我们要记住，不久前我们还认为，实体之间的空间仅仅是空无一物的间隔。但为什么不是这样的呢？我们来详谈其中的多种原因：

1. 空的空间永远不是空无一物的。当我们把场、光子、中微子、真空能量和瞬态粒子对等囊括进来的时候，尤其如此。

2. 对象之间的距离之改变取决于众多的相对性条件，所以在任何地方，在任何对象和任何其他对象之间，都不存在不可侵犯的距离。

3. 量子理论对于相距甚远的实体是否真正完全分离开的问题，提出了严重的质疑。

4. 对象之间的间隔通常被称为空间，这只是因为语言和惯例要求我们划出对象间的界限。

然后，生物中心主义也告诉我们，由于观察者和宇宙是关联的，"我们

———— 伊曼努尔·康德 ————

德国古典理性主义哲学创始人

　　我们必须摆脱时间概念和空间概念，因为它们不是物体本身固有的真实属性。

之外"的空间是意识连续体的一部分，除了观察者以外别无他物。事实上，最远的空间区域存在于我们的意识之中。

空间问题造成的精神折磨仍然丝毫没有减弱的迹象。理论物理学家怀疑，可能会有一个最小的空间，不可再细分下去。

一方面，有些人同意这个观点，还有一些人提议，给空间增加维度，如在三维空间的基础上，再增加一个第四维度：时间。关于新增的、看不见的空间维度，还有很多更为复杂的、数学上貌似有理有据的论据。

另一方面，许多科学家认为，新增的那些空间维度纯属猜测，除非提供真实的实验或者观察证据，否则我们还是保持原来的三维空间说法为好。

即使我们划掉那些听上去很古怪的东西，剩下的可供我们思考的问题还有很多。我们就从一个简单的问题开始："什么是空间？"——空间是宇宙的主要组成部分。即使这样一个简单的问题，我们最终还是会被它搞得晕头转向。但有一件事是清楚的：我们长期持有的共同的宇宙观早已被证伪，我们甚至可以承认，生物中心主义并不是一个全新的结论。

早在 1781 年（同年，太阳系的新行星天王星被发现），德国哲学家伊曼努尔·康德（Immanuel Kant）写道："我们必须摆脱时间概念和空间概念，因为它们不是物体本身固有的真实属性。与空间相伴随的所有物体必须被认为仅仅是在我们身体上的呈现，只存在于我们的意识之中。"

当然，生物中心主义表明，空间是大脑思维的映射，大脑是我们的体验开始的地方。作为生命体的工具，感官系统允许机体协调感知信息，并根据正在接收的信息的质量和强度做出判断。空间不是一个物理现象，不应该以研究化学物质和移动的粒子那样的方式被研究。

康德进一步说："是我们的大脑在处理关于世界的信息，并赋予世界秩序……我们的大脑为我们的体验对象提供了时间和空间。"

用生物学术语来讲，大脑对输入的感觉信息如何解析取决于神经通路。例如，所有到达视神经的信息被解释为光，而想要定位身体某一特定部分的感觉，则依赖于这种感觉到达中枢神经系统经过的特定神经通路。

为了避免（当时）陷入更深层次的哲学思考，爱因斯坦不屑一顾地说："空间是我们用测量杆测量出来的。"但很明显，即使是爱因斯坦的空间定义，也强调了"我们"。如果不是为了观察者，那空间为何存在呢？

我们可以试试爱因斯坦的一个经典思想实验。如果把所有物体和生命体都移除，想象一下，宇宙会是什么样子？我们的第一反应可能是：只有空间会存在。但是，片刻的思考表明，这个思想实验是多么的空洞（哈！）。既然我们不能回到古希腊去反对虚无，你为何不能"拥有"虚无呢？如果有虚无，你该如何界定它的边界呢？

在物理的世界，这样的对象是不可想象的。它既不包含任何物质，也没有终点。即使实际的虚空在过去的科学上还能占有一席之地的话，我们已经证明了，它已经不复存在，因为把独立的真实性归于真正空无一物的空间是毫无意义的事情。

因此，我们"在这里"并不是独立存在的个体，被空荡的缝隙或死寂的空间和其他星系隔开。空间在多个层面上都是不真实的，空间概念误导人们把宇宙当成巨大的、主要是空的球体。因为所有一切都依赖于参考系，并会进一步通过量子规律发生变化，所以，是否有绝对的间隔存在，就很值得怀疑。由此，连续性取代了我们过去称之为"以太"的东西。

最后，在试图回答有关宇宙的尺度的老问题时，尽管我们现在已经知道，宇宙包括意识，并与我们自己相关联，但我们仍然感觉到，要"描绘"一个没有固定维度的实体，任何努力都将徒劳无功。

那么，不仅宇宙存在于时间之外，既无诞生，也无消亡，"空间"这一词也没有任何意义——除此之外，我们获得了又一个意外的发现：宇宙是无形的。

第 10 章

生命：宇宙演化进程中微不足道的注脚

生命，那是自然会给人类去雕琢的宝石。

阿尔弗雷德·诺贝尔（Alfred Nobel，诺贝尔奖创始人）

如果墨西哥卷饼已经存在，我们就用不着努力去发明它了。为什么要在不必要的项目上浪费时间呢？创建生命与宇宙新模型的唯一理由是，现行版本是错误的。

的确如此吗？对，在第 1 章中我们已经看到，在全世界的学校里，老师教授的标准宇宙发展史都包含了大爆炸，以及随后产生的自然界的四种基本力等方面的内容。这四种力像是给三种基本物质中的两种——夸克和电子施了魔法一样，从而创造出宇宙。由于中微子在创建构成宇宙的物体上没有发挥作用，我们可以忽略它。

根据这个模型，无论是在宇宙的诞生，还是在其演化或持续的过程中，生命和意识都没有扮演重要的角色，因为它们是"事后"才被添加进来的。生命和意识的产生纯属意外。你和我的存在或许只不过是一种微不足道的偶然事件。

对于宇宙来说，生命的出现就像土星环的存在一样无足轻重。相对于宇宙，生命体就好像是主菜盘子上作点缀用的一小块欧芹。以生命形式存在的我们在思考这个问题时，可以把生命看作是大自然的帽子上至高无上的翎毛，但是一些科学家认为，在宇宙演进的过程中，生命既不是中心，也不是必需的（图 10-1）。

图 10-1　我们的宇宙是偶然地、随机地被创造出来的吗？如果是的话，我们就得不停地质疑随机性。我们的宇宙是一个极度不可能发生的现实。只要有那么几个宇宙中的基本物理常数的值与其实际值相差百分之一，对于生命十分重要的太阳就根本不会存在

到现在为止，读者已经意识到了，我们的观点与之完全相反。正如名字暗示的那样，生物中心主义意味着生命和意识是宇宙不可或缺的属性。

当然，本书正是要证明这一观点的正确性。就像在法庭上辩论那样，我们要一步步提供证据。将盛行的观点证伪是至关重要的一步。因为只要人们接受的还是当前盛行的模型，备选模型就会遭遇比被搁置于图书馆的"如果"和"也许"区域的书好不了多少的待遇。

静默随机宇宙 VS 智能宇宙

我们已经看到，现存观点牢牢植根于一种空间–时间模式中：你和我都只不过是居于宇宙特定区域的一个星球上的个体。这种观点认为，我们的宇

宙是在 46 亿 5 000 万年前产生的，也就是在大爆炸后的 91 亿 5 000 万年左右。正如我们已经看到的，无论是空间还是时间，都只不过是动物感知世界的基本工具。

这就是现在，或者但愿也是过去我们看待宇宙的方式。一旦我们摒弃了空间和时间，另一个在当前流行的标准模型中起核心作用的演员就要登场了：随机性，或者可称之为概率。

我们都很熟悉"大数定理"[①]，没有人怀疑它的价值。我们都知道，如果你抛掷硬币 10 次，最有可能的结果是 5 次正面，5 次反面。但是，如果结果是 7 次正面，3 次反面，那也并不见怪。换句话说，在一次抛掷 10 次硬币的试验中，假如有 70% 的结果是正面，那并不足为奇。如果我们在大学里学过了统计学课程，也许还记得与此相关的知识：当样本足够大时，大数定理就会开始发挥其真正神奇的效应，几乎屡试不爽。因此，如果我们抛掷硬币 10 000 次，就可以非常肯定地说，正面不会出现 7 000 次，即使这个判断很显然是重复了第一个实验有 70% 正面的结果。事实上，得到 7 000 次正面的结果会让人感到非常奇怪。我们宁愿怀疑是硬币有问题，或是实验者的抛掷有偏倚造成的，也不愿意接受这个结果。

换句话说，当我们想弄清楚发生了什么的时候，统计学提供了一个非常值得信赖的途径。这就是为什么当认同"静默随机宇宙"（Dumb Random Universe）模型的人（几乎是每一个人）认为一切都是偶然产生时，这听起来似乎理所当然。只要给予足够多的时间，像页岩一样麻木、毫无生气的宇宙，仅仅通过随机性就可以创造出蜂鸟这样的生命。偶然性使这件事听上去貌似合理。

一些反对者会持一系列宗教性的观点，但是，我们会有意将上帝排除在外。这是因为宇宙还有其他非偶然性的方式来塑造复杂架构的可能。例如，大自然也许也有与生俱来的智能，而且该智能是整个事情重要的组成部分。

---

①大数定理（The Law of Averages），是描述试验次数很大时所呈现的概率性质的定律。通俗地说，这个定理就是在试验不变的条件下重复试验多次，随机事件的频率近似于它的概率。

千百年来，人们一直假设宇宙或造物主是有内在智能的，这也是科学家主要的几乎不变的思维倾向。难怪乎在 19 世纪以前，科学家都被称为自然哲学家。就连才华横溢的思想家牛顿也在垂暮之年写道："我们在世界上所看到的一切秩序和美丽，都是从哪里来的呢？……如此精美绝伦的动物身体构造是怎么来的？……打造如此精致的眼睛构造难道不需要了解光学吗？"

或者你可以求助于西塞罗。大约在 2 000 多年前，西塞罗写道："当宇宙诞生出有意识的智能生物后，你为什么还坚持说，宇宙自身并非有意识的智能体呢？"

因此，在大部分有记载的历史时期，"智能宇宙"（Smart Universe）模式占主导地位。人们要么承认无所不知的幕后指使者上帝，要么假定智能是大自然与生俱来的，正如"你不能愚弄大自然"所表达的那样。彻底消除宇宙中有任何形式的智能是近期的事情，这也是当前的科学准则。不过，以流行的腔调，人们还在继续说"大自然知道它在做什么"及诸如此类的话。

然而，无论如何，现代的"静默宇宙"（Dumb-Universe）范式要求我们通过一些别样的手段，解释我们看到的出现在我们周遭的所有复杂的物理和生物体系的结构。而随机性是我们当前拥有的一切。这完全是偶然。"静默宇宙模型的沉与浮，全系在随机性这条救生筏上。"

100 万只猴子随机敲打键盘能写出《哈姆雷特》吗？

随机性也是进化的核心与关键。在这个方面，它表现出色。但这并不是说，达尔文的物竞天择说就是徒劳无功的。长颈鹿进化出长脖子还是有意义的，因为当它们的祖先攫取不到较高树枝上的叶子和果子，徘徊在生存边缘的时候，它们偶然地得到了一个随机突变，即长出较长脖子的机会。随着时间的推移，当然，也并非太久的时间，在坦桑尼亚的塞伦盖蒂，对于长脖子哺乳动物的优先选育优势为长颈鹿的生存助了一臂之力。

以随机突变和物竞天择为基础，进化才发生效应。既然如此，让科学界感到高兴的是，公众渐渐认为，"偶然"也适用于我们看到的一切其他事物，包括整个宇宙，以及生命和意识的起源。现在，许多（如果不是大多数的话）宗教激进主义者和相信智能设计说，并对《圣经》深信不疑的群体成员，都对科学持反对意见。他们不惜一切代价捍卫《圣经》。《圣经》声称，有一个叫诺亚（Noah）的人，在一次全球性的大洪水灾难中保护了 800 万个物种，使每一个物种的两个成员，即雌雄各一对幸免于难。

但这个说法缺乏证据。事实上，除了每一个物种中仅有雌雄一对因而不足以提供足够的生物多样性这一事实外，全球性的足以淹没喜马拉雅山的大洪水也是一个问题。要知道，即使空气中的每一个水蒸气分子都凝结成雨，也只能导致海平面上升不到 3 厘米。

无论《圣经》这本特别的书有多么不着边际，那些人还是坚决地选择捍卫它，这注定了他们最终不能自圆其说。但给这些人看看这个吧：当他们抱怨达尔文的物竞天择学说不能解释眼睛结构是如何创造出来的时候，科学家立刻驳斥了他们，而科学家也犯下了草率推理的错误。

物竞天择之所以发生效应，是因为某种随机突变赋予了动物某种优势，好让它们能更好地生存和繁殖，但眼睛则不同。不管是人眼还是其他动物的眼睛，甚至人或动物最早期的眼睛，所需的不只是一次创造感光细胞的突变，而且还需要神经系统或其他感官通道将接收到的知觉传送到大脑或大脑前体。然后，大脑以某种方式对这些信息加以利用并做出判断，比如，应该向着光源运动还是远离光源。视觉也需要"能感知"的细胞结构以形成图像，即使它只对光的亮度有粗略的感知。

简而言之，即使是原始的视觉进化，也需要远不止一次的单一基因突变。与最早的眼睛结构相比，现代动物的眼睛结构更加复杂：有不可思议的用于聚焦的支撑性肌肉群和可调节瞳孔的虹膜，还有不同种类的颜色传感视网膜细胞、晶状体、视神经，以及环形排列的数十亿个专门的神经元和突触，用来创建图像知觉。这就是今天的动物非常受用的相当复杂而精细的眼睛结构。

然而，即使是最初的、最原始的视觉结构，也自有其一定用处。

一次单一的突变会一事无成，不会带来任何益处，因此也没有什么具有优势的东西可以遗传给下一代。那么，让大量独立的但又相互依存的必需的突变同时发生在某一种动物的身上，这种可能性有多大呢？

因此，有一种观点认为，除非眼睛等复杂的生物器官处于完整的结构中，否则它们中的一些组件就不能正常运作。所有这些器官都证明，生物有内在的"设计"智能，或者，如一些人所认为的，世界上有一个技术娴熟的造物者。总之，进化论完美地解释了物种依据自适应策略和配置变更而改进，但并没有解释生物起源的诸多方面，比如，最初的生命，甚至包括一些重要的器官，究竟是如何产生的。

当进化论逐渐成为解释所有涉及生命及其变化的理论框架时，另一个问题浮出了水面。虽然经典的进化论很成功，帮助我们了解了生物的过去，但并没有对进化的驱动力做出解释。进化论需要将观察者添加到进程中。事实上，伟大的诺贝尔奖获得者、物理学家尼尔斯·玻尔说："当我们测量事物时，我们迫使一个不确定的、非限定的世界以实验值的形式呈现。这哪里是在'测量'世界，分明是在创造世界！"

现代进化论者企图靠自己的努力获得成功。他们认为，我们（即观察者）是某一天从一次爆炸遗留的无处不在的碎片中产生的，这纯属偶然事件。

伟大的博物学家洛伦·艾斯利（Loren Eiseley）曾经说过，科学家"一直都没能明白，一个古老的理论，即使只发生一根发丝的扭曲，也可能为人类的理性打开全新的远景"。进化论正是这句话现成的完美解释。而且，令人惊奇的是，如果假设大爆炸是物理因果链条的终端环节而不是开始的话，原来的模型依然能讲得通。

如果我们（观察者）存在的所有可能性（即过去和未来）都已坍塌，那么，我们的教科书所描述的进化理论将会去往何处？直到此刻，现在才被确定，那么怎会有确定的过去？过去始于观察者（我们），而不是像我们以前在学校学到的其他什么。

尽管前述内容可能需要读者花点时间来理解，但目前不容置辩的是，对于意识的发展，任何一种视之为随机出现的设定都徒劳无功。人类有知觉和意识，这是不争的事实，尽管它还有使所有研究人员迷惑不解的特质。而且，这个事实的出现蔑视一切猜测，哪怕是最简单的猜测。事实上，那些和拉尔夫·沃尔多·爱默生（Ralph Waldo Emerson）一起研究意识的人宣布，意识是一个尚未揭开的大秘密，就像我们凝视"圣地"时，感觉它始终笼罩在一片神秘的面纱中一样。

这种神秘的特质为科学家设置了障碍，也带来了挑战，因为在我们"看"周围的一切或对宇宙万物进行"思考"时，这些行为本身就包含了知觉。如果意识包含了它自身内在的偏见，而我们也能证明这一点的话，那么，在没有首先把握意识本身的情形下，我们就无法开始了解宇宙。

不过，我们还是不要走得太远。现存的现代版宇宙模型建构的方式是远离这一切的，即远离意识和生物生命。其建构的基石是时间、空间和随机性。我们已经谨慎地排除了作为实体独立存在的时间和空间，也让我们同样彻底地排除随机性吧。

作为观察者，我们假设随机事件创造了大多数或所有我们看到的事物。水星上的火山口图案与豺狼身上的斑纹同样是随机出现的。在微小的量子世界里，我们只能以概率方式理解事物。鉴于其在诸多领域的出色表现，"偶然性"实际上是一个令人着迷又常常被人误解的概念。

最著名的概率例证就是那个猴子和打字机的思想实验。我们都听说过这个故事：让 100 万只猴子随机地在 100 万个键盘上敲击 100 万年，我们就会得到所有伟大的文学作品了。这是真的吗？

大约在十年前，一些野生动物管理员还真的就把几台电脑和几个键盘放置在一个猴群里，看看会发生什么。猴子们几乎没有键入任何东西。相反，它们把键盘扔在地上，把电脑屏幕当作厕所，随意在上面大小便，设备很快就毁掉了。猴子们并没有创造出任何书面的、富于智慧的东西。

还是让我们认真考虑一下这个问题吧。我们来按爱因斯坦喜欢的思想实验的方式，在大脑里完成这个实验。那么，100万只勤奋的猴子努力敲击键盘100万年，真的就能创作出《哈姆雷特》（*Hamlet*）吗？如果它们中的一个，以每敲击10亿次能打出97个字的概率，一个字接一个字地打出"Moby-Dick"（白鲸）这两个词，哪怕忽略了最后的句号，我们能计算出它们需要敲击键盘的次数吗？

信不信由你，这样的问题是完全可以解决的。现在的键盘上有很多个按键，就算每台打字机上有58个按键好了。在谈论概率事件时，我们先来考虑一下敲打出《白鲸》（*Moby-Dick*）这部小说开头仅仅有15个字母和空格的"Call me Ishmael"这个短语的难度。这需要随机敲击键盘多少次呢？

我们就以58个按键来计算。需要敲击键盘的次数为$58 \times 58 \times 58 \times 58$……共需连乘15次，也就是$58^{15}$，约为$283 \times 10^{24}$次。但请记住，我们有100万只猴子一起敲击键盘。假定猴子每分钟可以打出45个单词，那么构成这个短语的15次敲击只需花4秒的时间。在它们不休息也不睡觉的情况下，根据概率法则，等到其中一只猴子最终打出"Call me Ishmael"这句话时，需要多长时间呢？

答案是大约36万亿年，或者说，约为宇宙年龄的2 600倍。

因此，疯狂打字的100万只猴子甚至连复制一本书中简单且短小的第一个短语都做不到。我们从中得到的教训是忘了猴子和打字机这个故事吧，它是骗人的。

真正的问题是，依靠概率方法解释其他方法无法解释的问题时，我们远远夸大了随机事件的力量。例如，天文学家当然希望在其他地方也找到生命，并会自觉或不自觉地假定，任何外星生命形式的存在，在最初的时候都是通过随机的物理或化学过程产生的。外星生物学家可能会利用这种假设尝试解决遥远星系上的生命起源问题。但我们的观点是，随机假设根本不是一种有用的假设。由于随机事件被公众和科学家赋予了远超其本身应有的效力，因此，只有当我们坦率地说"这是个谜"时，才更有可能让这方面的研究取得进展。这意味着，研究人员又要从零开始，着手解决概率问题了。

我们在这里探讨的是，仅仅通过偶然性完成某种特定的复杂的任务，比如生命和意识是如何创造出来的之类的问题。鉴于偶然性在完成具体任务上有非常多的局限，我们也必须明白，为什么看似荒谬的随机事件，的确创造出了一系列令人眼花缭乱的可能性。

考虑一下你可以在书架上排列 4 本书的方法。你可以用这个算式 $4 \times 3 \times 2 \times 1$，得出所有的可能性。该算式叫作"4 的阶乘"，写作"4！"，结果等于 24。但是，如果你有 10 本书呢？和前面那一次一样简单。我们可以用"10 的阶乘"，或写成算式：$10 \times 9 \times 8 \times 7 \times 6 \times 5 \times 4 \times 3 \times 2 \times 1$。这样，我们将面对 3 628 800 种不同的排列方法。虽然书的数量从 4 本仅增加到 10 本，但可能的排列方法却从 24 种猛增到超过 360 万种。你能想象这是怎么一回事儿吗？

我们可以很容易地想象从储物箱里拿出 10 本书然后随意地摆放在书架上的情景，但我们是否曾想过，让这 10 本书恰好按书名的字母顺序排列的概率是三百六十万分之一呢？恐怕极少有人会这么想，可能性竟然是如此微不足道。当然，这些书会碰巧按书名的字母顺序排列是非常不可能的。当概率是百分之一时，听上去比较合理；当概率是千分之一时，感觉还可以；但当概率超过三百万分之一时，似乎就不大现实了。的确，这件事是真的。这就好比在说，在一生中的每一天，你都把这 10 本书随机地摆放在书架上的话，在出现按书名的字母顺序的排列之前，你需要花上 100 个"有生之年"。

涉及可能性的数字表达总是非常巨大的，并让我们感到惊讶。整个可见宇宙中的原子的数目约为 100 000 000 000 000 000 000 000 000 000 000 000 000 000 000 000 000 000 个——一共有 80 个 0。你只需在后面添加 6 个 0（你几乎注意不到它们），就可以表示 100 万个宇宙中的所有原子的数目了。

银河系中所有星星的排列数中有多少个零，或者人脑中可以连接的神经元的排列数中有多少个零呢？如果试图逐一写出这些零，将耗尽我们的余生。可能发生的事情的数量惊人地巨大。思维的潜能在于超越它自己的理解。本书的两位作者最喜欢的名言之一是乔治·E. 帕夫（George E. Pugh）所说的："如果人类的大脑简单到可以被理解，那我们就会简单到不能理解我们的大脑。"

数亿分之一的概率：无生命才是宇宙的常态

我们总是喜欢用数学的方法计量事物，当然这个方法没有问题，但是当涉及要对地球上或地球外的事物的可能性进行评估时，数学方法恐怕无法完成。

所以，回到我们最初的问题：你能理解我们所看到的宇宙吗？仅通过随机的原子碰撞，它就设计出了包括大脑和黑嘴天鹅在内的复杂生物（体）。如果随机性需要 360 万亿年来键入一个包含 15 个字母和空格的简单句子，那么答案是显而易见的：宇宙不是随机的。另一方面，如果你期望的终极目标并不是像芒果或生命的起源那样具体的成就，而只是要求那些碰撞的"台球"设计出某一个物体或另外一个物体，或者任何东西，它们肯定是会效劳的。

这使得我们不可避免地开始思考与宇宙诞生息息相关的随机性。但问题是，我们的宇宙具有一系列精细的适合生命存在的"金发姑娘原则"[1]。我们的宇宙特别为生命的存在"微调"过了（图 10-2）。正是在这个地方，任何引起数百种独立参数改变（即便是微小的）的随机调整都不会允许任何一种生命的出现。如果引力常数改变百分之二，或普朗克长度、玻尔兹曼常数和原子质量单位中的任何参数发生了变化，宇宙都永远不会有星体或生命的出现。

---

[1]金发姑娘原则（Goldilocks-perfect），源自童话《金发姑娘和三只熊》。由于金发姑娘喜欢不冷不热的粥，不软不硬的椅子，一个不大不小的床，总之是"刚刚好"的东西，所以后来美国人常用金发姑娘来形容"刚刚好"。

图 10-2　如果太阳的质量比当前有显著的增加，它早就演化成超新星了。甚至，只要在我们的地球附近有一颗大质量的恒星，当其演化成超新星时，也会改变地球接收到的辐射通量

　　因此，那些认为允许生命存在、更让生命之树枝繁叶茂的行为，都是宇宙不可思议地偶然为之的说法，只不过是一厢情愿。的确，宇宙随机性并不是一个站得住脚的假设。

　　说实话，这是一种自欺欺人的解释，就像有人说"狗狗吃了我的家庭作业"一样。这与"静默宇宙"支持者的想法有异曲同工之妙——后一理论的有效性同样建立在其核心前提有效的基础之上。

　　那么，"澄清"宇宙本质的最后一大障碍就这样消失了。随机性与其两位伙伴，传统意上的时间和空间，同样走向了穷途末路。建立在这三大基石之上的现代宇宙模型，似乎总是呈现出苍白感且有强迫人们接受的嫌疑，而人们只需对其进行粗略的检视即可将其拆穿。

　　当然，按照现代模型的解释，即使所有"刚刚好"的背景条件和物理常数都已具备，生命和意识的按时出现也必定纯属偶然。它们可都不是平凡的、容易制造出来的项目。

　　我们来归纳一下对于生命的出现至关重要的、不可或缺的物理背景条件。首先，两个特定的基本力，即电磁力和只作用于非常小的空间的强力（Strong

Force ），必须有它们自己的特定值（图 10-3）。电磁力允许电场可以使电子附着在原子核上，从而使原子存在。但是，因为强力使许多质子紧密结合在一起，克服了电磁斥力，因此，若没有强力的完美调整，质子和中子不会结合在一起形成原子核。如果没有多个质子，唯一可以存在的元素会是氢。氢虽然并不令人讨厌，但其本身并不能产生任何有机体。即使大自然有足够的耐心，可以等待亿万年的时间，也绝不会有奶牛的出现。

图 10-3　如果每个原子内部的强力比实际的只是稍弱一丁点，任何地方就都不会有恒星和生命，以及氢之外的元素出现

那么，我们需要第三种基本力——引力（图 10-4）。但引力同样既不能太弱也不能太强，否则宇宙中就不会有星体的出现。我们可以这样继续下去，但在这里只说一点就足够了。与实际值相比，几十个（有人说多达 200 个）物理参数只有精确到一两个百分点之内，才有可能为恒星中进行的核聚变提供适当的温度和压力，才会有行星的形成和众多元素的诞生。

简而言之，的确，这是一个完美的宇宙。我们甚至还没有谈到生命创造过程中需要的一大堆要求，如生命的诞生地既不能太热也不能太冷，辐射也不能太多，此外还有一些关键元素，如碳和氧——它们表现出来的特定属性需要与我们观察到的特点相一致。

图 10-4　地球曾被许多天体击中过，但没有一个天体大到足以摧毁它。
如果木星不存在，地球也不会是现在这个样子，因为木星的引力偏转了
或改变了大部分入侵地球者的轨道

　　如果地球附近不存在有一定质量的月球，即使在地球上，生命的出现也
会有困难，或者说是不可能的（图 10-5）。因为地球的自转轴会摇摆不定，有
时会对准太阳，这样一来太阳会数月都盘桓在我们头顶上，因此产生难以忍
受的高温。但我们的星球已然设法避免了经历这样的混乱。地轴的倾角基本
上是稳定的，目前平均在 23.3 度，大约有 ±1.2 度无害的小变化。如果没有
月球引力的扭矩，地轴的倾角会有较大的变化，从 0 度（即根本没有季节变化）
到高达 85 度不等。后者意味着，地轴就像可怜的天王星的轴那样，会指向太阳。

　　因此，月球调节了我们地球上的气候，使之从远古以来一直保持温和且
相对一致的状态，而不是让我们定期遭遇不可思议的恶劣气候条件——冰河
时代与这种恶劣的气候条件相比，简直是小巫见大巫，不值一提。

　　我们是怎么得到月球的呢？据说，月球是一个火星大小的天体，从一个
恰当的方向来到地球，以恰当的速度与地球发生了恰当的碰撞而产生的：该
天体的速度过快或体积过大都会摧毁地球，太小的话又不足以形成月球。方
向很重要，因为与太阳系的其他主要卫星不同，月球是唯一一个不绕行星赤
道运行的卫星。我们的月球忽略了地轴的倾斜。如果它正常地绕轨道运行，

而不是绕地球的轨道平面（白道）且很靠近地球环绕太阳的轨道平面（黄道）的话，就无法总能发挥它的扭矩作用，并最大限度地有效地稳定地轴了。这又是一个意外！

图 10-5　没有月球，地球上生机勃勃的景象也将不可能出现。月球的扭矩使地轴的倾斜度保持稳定，防止了由于地轴倾角紊乱而引发极端恶劣气候以致生命无法出现的问题

我们的宇宙是一个极度不可能发生的现实。这种可能性是如此之低，以至于连最顽固的、笃信随机性和无神论的物理学家都会承认，宇宙完全不可能对生命友好。因为把所有对生命友好的物理常数和数值组合成一种集合，其存在的可能性仅为数亿分之一（图 10-6）。

下面所举的一些数据说明了几个对于我们非常不可能的现实。单独来看的话，每一个数据都可能被忽视掉。但作为一个集合，这些"巧合"使宇宙呈现出对生命极为惊人的友好方式，这需要解释。

这种在严格的物理层面上极为不可能的性质，使许多物理学家多有感叹与不适，并承认，这迫切需要某种形式的科学解释。反过来，这已成为追求如超弦（Superstring）等理论的人的主要动机。尽管目前的共识是，弦理论是一个失败的理论，但一些人仍顽固地将其紧抓不放。弦理论确实不仅仅为统一所有力提供了希望。在 20 年前，乐观主义者的观点认为，通过数学的方法增加 8 个额外的维度，就有可能解释为什么宇宙以现在的方式运行。

图 10-6　我们的运气并不局限于那些林林总总的宇宙的物理性质。所有其他古人类物种都已灭绝，如乍得沙赫人、图根原人、始祖地猿、湖畔南猿、阿法南方古猿、肯尼亚平脸人、非洲南方古猿、南方古猿惊奇种、原始人类源泉南猿、埃塞俄比亚傍人、罗百氏傍人、东非博伊西人、能人、直立人和人属乔治亚种人……甚至尼安德特人也灭绝了，唯独我们幸存了下来

但这并没有成功。与此相反，弦理论允许至少 10^{500} 种"解决方案"，以至于批评者不无嘲讽地称之为"万能理论"。（即允许任何事情的假设，事实上什么也没有解释。）对于那些拼命想对"宇宙似乎并不是生命友好的"这一观点做出解释的人而言，弦理论仍然具有吸引力。这是因为，有一些为数不多的弦理论追随者说，所有这些"解决方案"都不是无用的万能假说，而是对无数个多重宇宙思想的支持；在其他平行宇宙中，所有这些无尽的解决方案自会展现无遗。

这怎么可能有助于问题的解决呢？嗯，按照这个推理，如果真的有 10^{500} 个平行宇宙，每一个都有不同的随机属性的话，那么绝大多数的宇宙都会有对生命不友好的物理定律。在这些多重宇宙中，只有少数几个偶然地碰巧具备允许生命存在的条件。我们生活在其中的一个之中。如果我们在此追问，我们不住在这儿，那还能住哪儿呢？那么，我们自己的宇宙具备对生命友好的条件，尽管这看似不大可能，但我们已不觉得那么奇怪了。它不再需要任何形式的解释。

这种基于弦理论的多重宇宙推理，瞬间让我们对十分不可能对生命友好的宇宙的态度，发生了180度的大转弯：从顶礼膜拜到耸耸肩——你瞧，不过如此而已。通过这样的推理，对现实随机性的解释重获新生。无生命成为宇宙常态。当然，大多数物理学家并不轻言放弃。哥伦比亚大学的数学物理学家皮特·沃特（Peter Woit）对此类坚持给予了重拳回击。他说：

> 在20世纪，物理学家通过建立强大的、引人注目的基础理论而取得了巨大的成功，但是，在最近大约40年，物理学家过得相当艰难，几乎没有取得任何进展。不幸的是，一些著名的理论物理学家现在已经基本上放弃了，他们决定采取一个简单的方法……对待像弦理论这样已被证明是空洞的理论，他们一味听之任之，而不是予以摒弃。如果物理学以弦理论为终极目标，那可真是一个令人沮丧的消息。但我仍然抱有一丝希望：这只是昙花一现的时尚想法，很快就会凋零。寻找对物理定律更好的、更深入的解读是一项非常巨大的挑战，但这仍在人类的能力范围之内，只要我们的努力没有被那些似是而非的答案淹没。

用奥卡姆剃刀理论加以分析后，我们发现，生物中心主义在宇宙对生命友好是否可能的问题上，为我们提供了不可否认的明确解释。也就是说，宇宙对生命是友好的，因为它是一个已经创造出生命的现实！

尽管做出了以上种种探讨，我们依然不能就此假定，现实是由某种潜在的智能"设计"出来的，而不是静默随机的宇宙。相反，让我们还是保持一颗纯净之心，不带任何偏见地继续审视上一个世纪的科学真正在讲些什么，这样我们就可以把事情看得更清楚。

第 11 章

盲视：感知联结一切

进化不可能遇见一切。复杂的构造都有自己的小算盘。大脑是有欺骗性的。

布彼得·沃茨（Peter Watts），《盲视》（*Blindsight*，2008 年）

本书的前面几章已经证实，宇宙并不是我们普遍感知到的那样。科学、逻辑学和过去 50 年的发现表明，我们对现实的共同臆断远非事实。

不过现在，让我们先进行一个附加式的短程游览。在这一章里，我们会明白，为什么在逻辑学和科学之外，我们对现实的直观探索所得出的结论也可以绵延不尽及这些结论如何成为千百年来传承下来的伟大传统的一部分。

毕竟，如果我们足够诚实、足够聪明的话，似乎只要稍微在措辞上动动脑筋，就能证明任何事情。比如说，埃利亚的芝诺就"证明"了，在比赛中，你永远不可能追上乌龟。对于一些读者是否不再轻视我们给出的所有合理的观点和证据，本书的作者可不敢抱有任何幻想。因此，让我们先花几分钟的时间，向一个与众不同的方向游览一下。让我们绕过逻辑分析的避风港，探索一种更直观的方法。

基于体验的东方宗教

我们绕道而行，转向东方，应该没有人会对此大惊小怪吧。正是在东方的印度教和佛教中，这些问题仍处于前沿和中心的位置。实际上，这构成了西方宗教与南亚次大陆上那些同源宗教的主要区别。在犹太教和基督教的传统中，二元论（Duality）是人们感知到的现实的核心。宇宙和生命的要素包括个体和自然的关系，各自独立存在的个体自我，以及自我与神的关系。这些关系往往包含着紧张或冲突。当个人的现实生活与其信仰的未来精神目标背道而驰的时候，所构建的关系就几乎只能是暂时性的。

因此，对西方人来说，时间的存在是一切行为的基石。那些通过中央授权而让人们服从的法令法规惯常进行的正确仪式，以及在日常生活中得到神明准许的道德行为规范，都可以在《塔木德》（Talmud）、《圣经》和《古兰经》（Koran）的大部分章节中看到。

所有这些经书都提到，宇宙有一个开端。只有神独自站在时间之外。因此，他所创造的一切都在基于时间的基体中存在。时间在我们"应该"怎样活着，以及我们应该把什么当作最神圣的东西的问题上，起着重要的作用。因为所有好东西，包括对我们恰当行为的奖励，都只会在死后通过审判得到，但审判并不是现在，而是在将来。可以说，我们的传统一直围绕着基于时间审视万物这一基本观点。这样一来，我们就把宇宙分成了各种各样的时空组件，我们的灵魂和肉体只是其中极细微的一部分。

这种观念渗透于生活的各个领域中。当我们远眺极光或通过望远镜观察天空之时，最常听到的一句感叹就是：这让我感觉自己如此渺小。尽管这种谦恭的态度貌似令人钦佩，但更加令人震撼的是，感觉到个体在整体中的几近缺失。无论我们渺小抑或伟大，我们几乎消失无踪。因为只有在意识不到自己是观察者的情形下，才能全神贯注地对被感知的对象进行充分的体验。

让我们将西方二元论的世界观与东方的世界观做一个对比。对于后者，人们可以通过仔细研读一些比《圣经》时间早得多的书，或者阅读尤迦南达、拉马那·马哈希拉（Ramana Maharshi）或狄巴克·乔布拉等现代讲经人的著作就可掌握。

东方圣人一直坚持认为，不管你想的是什么，也不管你的逻辑是怎样的，存在非文字语言可以描述的对现实的直接体验。因此可以说，东方宗教是基于体验的。或者，如果你喜欢，也可以亲自尝试一下。这是东方宗教与《圣经》知识形成鲜明对照之处。即使圣经的来源值得信赖，但它始终是间接得来的。《圣经》的智慧是好的，但不能代替你自己的观察。一本书可以提醒你，火炉是热的，但在你偶然地触碰了火炉一下之后，就永远不需要阅读这样的描述了。

在大约 1 300 年前的印度，备受尊崇的商羯罗（Shankara）写道："我是没有起始的现实……我不参与任何'我'和'你'、'这个'和'那个'之类的假象。我是……独一无二的。极乐没有尽头，是不变的、永恒的真理。我居于一切众生之中……作为纯粹的意识——所有现象的基础，包括内部的和外部的。我既是享受者，又是被享受之物。在无知的日子里，我曾经把这些看作是与我自己分开的。现在我知道，我就是一切。"

在谈及对现实本质的直接体验时，这一话题基本上可以归结为如何看待统一性，以及如何透过时间和死亡的幻象看人生真谛的问题。它有不同的名称——实现、启蒙、与神合、开悟、禅定和涅槃等。据说，不只是圣人或一些大师才拥有跨越时空的转化经验，普通人也会有。

"第二层次体验"

在这一章中，我们之所以要"去那里"游览，甘冒科学之大不韪，暂时丢开实验证据，讲述直接体验方面的事，是因为本书的作者之一伯曼在他20 岁时，确实有过这种体验。这就在本书的两个作者之间产生了一个相当独特而有趣的局面。其中一个作者通过运用严格的科学和逻辑学，得出了以生物中心主义为基础的结论；而另外一个作者，尽管完全相信科学，但主要倾向于直观的方法。因此，仅仅严格地引用他人的有关报告来谈论"现实的直接体验"这一主题，似乎会让人有含糊其词的感觉。我们应该分享第一手的体验。以下是伯曼在 2008 年对他那次体验的详细叙述：

113

我们相信自己的直觉。我们不需要教科书来教我们如何去爱，如何去辨析危险，或者在看见一个美丽的花园时如何感受到愉悦。然而，当谈及如何把握存在的本质时，我们却得通过毫无生气的理论磕磕绊绊地摸索。听到像弦理论中的"额外维度"这样的论述时，我们会目光呆滞，全然不知所云。

　　生活习惯于提供知识的不同来源。但是宇宙学和存在方面的疑难问题呢？正确的工具是什么？逻辑？数学？科学？宗教经文？抑或直觉？

　　我刚过完20岁生日后不久，就找到了正确的工具。这是我第一次分享它。我在上大学三年级的时候，曾为一次考试而临时抱佛脚。虽然我已轻松通过了大多数天文学课程的考试，但从哲学角度考虑，宇宙本质上仍然是一个巨大的、充满神秘色彩的实体。在过去一个月里，我尝试过冥想，但我还不能真正说我体验到了任何有启示性的东西。现在，我正在准备生理学的考试。教材中关于大脑的视觉部分突然让我有了一个瞬间的顿悟："外部"和"内部"之间的区别其实是不真实的。而后，这种顿悟突然又转化成了别的什么东西。

　　一个我从来没有意识到的，但我一直承受着的巨大负担突然间被解除了。一种无法用言语表达的体验开始了。这种经历不可言喻，却改变了我的生活。我所能说的是，"我"突然消失了，取而代之的是对整个宇宙的确定性。我内心感受到的是绝对的平和。我可以信心满满地说，我是知道这一点的，而不是从逻辑上来考虑。因为正如我所说的，名为"鲍勃"的我不存在。对于我来说，这意味着既无生，也无死。所有的一切永远是完美的，时间是不真实的，一切都是一个完全的统一体。快乐超出了我的所有想象。这种深入骨髓的确定性或许可以更好地描述为一种感觉，一种古老的、熟悉的"家"的味道。

　　当那种强烈的最初的体验消退时，房间又回来了，教科书仍然摆在我的眼前。除此之外，所有的一切已经被深深地改变了。让我将我的上述体验称之为"第二层次体验"（The Second Level of the Experience）吧。在这种体验中，没有独立于世界之外的、作为观察者观看世界的"我"的感觉，相反，一切都是一个整体，我就是触目之处所见的一切。我的意识就好像是长久以来一直被禁锢在小笼子里的金丝雀，而那样作为一个独立、孤独、理性的个体的我的错觉现在已经消失了。物体不再是在空间里独立存在的个体，相反，一切都属于一个连续体。

当一个人进入视野时，这个人就是我。宇宙永远是一个实体，并不存在数十亿的人类和动物，只有一个活着的、不灭的实体存在。（不，还是给你说清楚比较好，万一你想知道——这种经历绝不是在某种化学品的诱导下产生的。）如果这听起来还是令人难以置信的话，我也实在是无话可说了。

这种体验持续了3周。在此期间，没有任何思想掠过我的意识。但最终，作为一个独立的个体，一个观察者，我又回来了。我意识里的杂念犹如涓涓细流一般，又开始一路吟唱起来，内心的平和，以及对世界的整体感随之丧失。这感觉糟透了。

之后，我去了国外，游历了35个国家，主要是在东方。我尝试了所有的方法，并阅读了一些精神方面的书。有几次，我重新获得了次于"第二层次体验"的经历，但再也没有获得过完整的体验。那些精神方面的书称，古往今来，在所有文化中，人们都有过同样的经历，而且它总是有不同的叫法，有的叫"开悟"，有的叫"觉醒"，等等，不一而足。

事实上，几乎每个人都拥有过这样的时刻。也许是在观察大自然的时候，也许是一个人感觉到不可言喻的喜悦突然降临的时候，也有可能是突然间"灵魂出壳"的时候，或者从根本上变成了被观察的对象的时候。

1976 年 1 月 26 日,《纽约时报》用一整篇论文报道了这一现象。一项调查显示,有 25% 的人至少有过一次这样的体验。他们把这种体验描述为"所有的一切都是一个统一体的感觉"。显然,这种现象并不罕见。

这就是本书的作者之一的个人报告。如果它只是一种错觉的话,那么,它与来自不同时代、不同文化的众多报告是那么契合,是不是确实很奇怪呢?这样的报告还引发了异乎寻常的问题:是什么可以让人产生这种感觉上的变化?神经回路如何深深改变人们的感知,让其创建出一个完全不同的宇宙、一个与日常范式不一致的宇宙?

我们已经知道,一些迷幻药似乎可以让人有类似的体验。尽管这么说,但仍有点儿不靠谱,因为大多数服迷幻药的人并没有这样的体验。头部受伤、先天性脑异常,以及像练习瑜伽这样的行为,似乎也都能够改变人类感知的状态。对此,本书的作者之一兰札是这样解释的:

> 要使你对现实的感知不同,所有你要做的就是改变探测器(大脑及其复杂的神经感知系统)的数据输入,以及对这些数据的解释。因此,我们不能相信原始的动物的大脑能够精确描述出真正的正在发生的事情。"单一实体"(Single Entity)体验展现的互联性与全球量子态(Global Quantum State)相一致(我们会在 19 章详细讨论)。如果人们能经历所有——所有可能的一切(即可以在空间和时间里体验到的一切),单个个体之间的分隔就会消融。这就是在粒子纠缠实验里发生的事情,这些实验的神秘性似乎正在被加以描述。

这里的关键点在于,我们可以重构脑神经通路,从而体验到整体性而不是分离性。虽然这种体验会自然发生,但对于大多数人来说,还是无法获得,因为人们并不会通过进化习得这种普遍的知觉。毕竟,让每个人都坐着并保持微笑及平和的心态，可能与生命的本性并不相符，因为，正是从不同的状态出发，才会产生不同的选择和不同的进化历程。

对于那些没有这种体验的人或怀疑它的人来说，他们和我们应该都会同意这样的事实：这些推测起来应当可信的人的报告，正好为一件毋庸置疑的事情提供了证据：我们的神经通路可以很容易地被篡改。反过来，这也说明了我们的世界观确实是非常主观的。宇宙自身随着生物调整而变化。

兰札回忆道："我记得在医学院有一个病人，他曾经历过一场可怕的事故。一根金属杆进入了他大脑控制视觉的部分。他双目失明，什么也看不见。然而，如果你把一根杆子横放在他前面的话，尽管他看不见，也会弯着腰从杆子的下面走过去。"

现在，这样的事件被当作"盲视"的例子。在说明构建我们对真实事物的感知的神经回路是如何深深交织在一起的，以及这些回路是如何以我们刚刚开始理解的方式创建宇宙图像的（本质上说，即我们如何给现实下定义）等方面，盲视也常被作为例子。

视觉感知是我们"看到"世界的唯一途径吗？

2008 年 12 月 22 日，《纽约时报》的头版报道了有个人连续两次中风后完全失明的故事。这里提出的问题是：视觉世界的感知是我们可以看见事物的唯一途径吗？

在这篇文章中，一位哈佛大学的神经科学家做了一项引人注目的实验。他要求这个病人尝试走过一段设置了重重障碍的路。开始，病人很不情愿，但后来同意了。接下来，病人的表现令人震惊。"他以'之'字形走过过道，绕过了一个垃圾桶，一个三脚架，一堆纸和几个箱子，就好像什么都能看清楚一样。"这位科学家解释说。当时，他紧紧跟在病人身后，以防他跌倒。

"你必须眼见为实。"哈佛大学的这位神经科学家说。他的论文发表在《当代生物学》（*Current Biology*）杂志上，附上了大量脑图像。换句话说，我们有一种天生的能力，可以使用大脑的原始皮层下系统感知事物，这完全是潜意识的。虽然也属于视觉系统，但这个系统绕过了大脑常用的视觉通路，采用了涉及光和色彩的正常图像以外的其他形式。

这一最新研究首次展示了一个人在视觉被完全摧毁的情况下的盲视，促进了一个应该已经很显而易见的结论的出现。先感知宇宙，再通过神经回路，我们就可以"看见"它的图像了。

盲视也许是我们可以称为"隐性知识"（Implicit Knowledge）的一个例子（图 11-1）。隐性知识是指那些存在于全意识层面下的有用信息，经常用于日常任务中，如散步或移动时不会撞上东西、草率做出决定、以口头和书面形式与其他人进行交流等。当然，不只有大脑受损而导致皮质盲的人才会体验到盲视，功能正常的大脑也会展现出情感的盲视。

图 11-1　我们所"看到"的景象是在我们大脑里生成的复杂的建构。最好的证明之一就是被称为"盲视"的神经现象。这些病人的失明是由于大脑纹状皮层损伤或病变引起的。虽然是盲人，但他们可以顺利通过有障碍物的地方，甚至可以识别出可怕的面孔

换句话说，人们会在还没有意识到某个过程的情况下，对刺激物甚至更微妙的情感信息做出反应。在运动场上，如果一个足球突然向一个人袭来且

很可能会砸中他时，他会"条件反射"地低头或弯腰来躲避。这表明，他对足球有一定的感知度，这种知觉超出了标准视觉通道的范畴。

给一些患有皮质盲的成年人"看"快乐的或可怕的人脸图片时，他们的杏仁核区神经元常常有被显著激活的迹象，大脑的这部分区域与情感加工有关。有趣的是，以远远低于意识知觉阈值的速度，给其他那些没有脑损伤的人看这些同样能唤起情感的图片时，每个人的杏仁核区也有相同的反应（如图 11-2 所示）。

样本　　　　　病人仿照样本画的图案

图 11-2　数不清的医疗疾病案例证明,我们的世界观具有很强的主观性。任何对大脑神经的篡改都会从根本上改变我们的现实感。例如，在这个病例中，患有半侧空间忽略症的病人（由于大脑顶叶损伤造成的）在完成任务时，只能感知世界的一半，而忽略另一半。右边的图片是病人试图重现左边的模型样本时画出的图案

重要的一点是，超出正常生理途径之外的感知——盲视，是每个人都可以获得的，甚至其他动物也可以做到。2015 年，研究人员发现，至少有一种章鱼在不借助眼睛和大脑的情况下，能够感知到光。

读者可能会认为，感知取决于大脑的不同机制，甚至是我们刚刚探讨的

非大脑机制。不过，是不是在独立于我们的生物神经回路之外，存在着一个可见的"外部世界"呢？难道五颜六色的晚霞和湛蓝的天空不是自我存在，而是等待着某种有意识的动物通过他们明亮的玻璃窗一般的晶状体和枕叶视觉感受器，去感知和享受它们吗？前面提到过的对现实的直接体验，又是在以何种方式证明主体和自然世界的统一性的呢？

在生物中心主义的多个观点中，这幸好是最容易阐述的。在所有常见的错误观点中，那个认为我们是在"向外望向世界"的假设是最容易被驳倒的。

第 12 章

视觉问题

存在就是被感知。

乔治·贝克莱（George Berkeley，主观唯心主义创始人）

对一些动物来说，触觉或味觉至关重要。而对另外一些动物来说，听觉是最重要的。注意观察一下狗的耳朵，就知道狗对声音有多么敏感了。但人类主要依靠视觉。

我们在探索地球以外的天外领域时，视觉之外的其他感官都很难派上用场：我们既不能把宇宙握在手里去触摸它，也不能用鼻子来闻它。太空完全是悄无声息的，连小行星之间的碰撞和星系的混乱诞生都是在不知不觉中发生的。对科学家来说，对于宇宙的真正认识是从研究光子开始的。

在一个世纪以前，我们就已经知道，光是由电磁波组成的，其振动方向与光波的传播方向相垂直。磁波和电波都没有内在的颜色或亮度，因此，即使有一个独立于意识之外的宇宙存在，它也一定是完全不可见的。这值得再重复一下：任何独立存在的外部宇宙最多是空白的或黑色的。

然而环顾四周，不难发现，我们深陷一个绚丽多彩的世界。一个世纪以前，在量子力学还没有出现的时候，人们认为，我们的眼睛如同玻璃窗般明亮的晶状体，使我们能够准确地感知"外部世界"是什么样子的。即使在今天，这仍然是大众持有的观点。

由于我们已经知道（这一点毋庸置疑），"外部宇宙"是由无形的磁场和电场构成的，所以，很显然，是我们自己的神经回路创建了颜色和形状。

三个不同的视觉世界

数个世纪以来，在人们对视觉的生物机制的研究过程中，许多致命的弯路与"尤里卡"[①]式的胜利交替出现。早期的哲学家拒绝接受光和颜色与外部世界有关的任何观念。恰恰相反，正如柏拉图在4世纪时所写到的，光线源自眼睛内部。眼睛用自己发出的射线"捕捉对象"。

然而，600年后的著名内科医生盖伦（Galen）提出了不同的看法。他认为，视觉是视神经系统的一个功能。这意味着，视觉感知通过空心的视神经从大脑流向眼睛。盖伦认为，大脑是视觉的中心。这一想法比其他人领先了15个世纪。

今天，对于我们是如何看见"在我们面前"的事物的，所有的生理学教科书都会给出清清楚楚的解释。首先，光线进入每只眼睛中直径不到10毫米的晶状体，透过晶状体，颠倒的图像分别聚焦在两只眼睛的视网膜上。在视网膜的明亮光线感应区，有至少600万个锥形细胞（暗光线感应区的细胞组织结构不同）。它们分为三种，每一种对光的三原色即蓝色、红色或绿色中的一种敏感。这些细胞只受特定范围内的能量波长的影响。一旦接收到刺激，它们就通过高效的神经电缆向一个神奇的神经元区域发送电信号。

这个神经元区域就是为创建三维图像而设计的。大部分的视觉结构位于颅脑后部的枕叶区。在这个区域，有超过100亿个细胞和1万亿个突触，用于创建供我们体验的万物的图像。根据生理学教科书，视觉现实正是在这个区域发生的，亮度和颜色在这里被创建并感知。

---

① 尤里卡（Eureka），在希腊语里意为"我找到了"。2 000多年前，叙拉古的国王怀疑自己的纯金皇冠掺了假，将之交给阿基米德鉴定。阿基米德进浴盆时，由溢出的水获得灵感，他兴奋地跳起来，赤身裸体奔出门去，欢呼："尤里卡！尤里卡！"

到目前为止，所有的解释都令人满意。但也许大家已经注意到，我们刚刚描述了三个不同的视觉世界：第一个是在我们面前的外部世界，即我们可能要面对或要看的世界；第二个是由 600 万个锥形细胞构成，在视网膜上呈现的颠倒的视觉图像世界；第三个则是在大脑或意识中的视觉王国，实际上就是图像被构建和感知的世界。

似乎是有三个不同的视觉世界，然而，对于我们来说只有一个。我们连两个视觉世界都没看见，更别说三个了。那么，我们所说的视觉世界是哪一个呢？如果我们现在站在房间的一头，向 4.5 米远的窗户望过去，我们有权诘问：窗户的确切位置在哪儿？宇宙到底在哪儿？

语言表达和习俗会告诉我们说，窗户在我们的身体之外，也就是属于"外部世界"的一部分。但少数科学家知道，肯定不是这样的。事实上，从严格意义上来讲，一切事物都是在我们的头脑内部出现的。

关键是这一观点最终也会与引力一样成为不容置辩的事实，但要充分理解它需要开阔的心胸和严谨的逻辑，因为这与通常的语言表达和习俗相抵触。

首先，我们要真正搞清楚，视觉体验到底是在哪里发生的，因为这个问题看似无关紧要，实则至关重要。答案是视觉是由颅脑内的 10 000 亿个脑突触构建的。这是一个数量惊人的生理结构。如果以每秒一个的速度为那些神经连接记数——不是诊察它们，而只是数出它们的数目，就需要 3 万年的时间。这个数量巨大的生理结构消耗巨大的能量。我们知道，这种情形的出现绝非无缘无故，所以，让我们不要低估这个结构：视觉体验就发生在这里。不存在多重视觉世界，只有一个视觉王国。你清晰地感知到它，它就发生在你大脑的某个区域里。

房间"那边"的墙上挂着的那幅镶着边框的艺术画实际上在你的大脑里。当然，尽管大脑中存在复杂的电信号，运行着活跃的能量，但你总是把它的内部想象成漆黑一片、糨糊状的一团。

但现在，你知道了大脑的内部是什么样子。正是在那里呈现了那幅艺术画，旁边是窗户，还有蓝色的天空。所有的一切都在大脑中。事实上，甚至你的大脑和身体都是大脑中的呈现物。

但是,你也许会反驳说,这不还是两个世界?一个是外部的"真实"世界,另一个是在我们的大脑里独立存在的视觉世界。不,只有一个。视觉图像被感知到的地方就是世界实际所在之处。在视觉以外,什么都没有。怎么可能会有呢?

"人们如此确信,他们是'向外看'世界的!"加拿大物理学家罗伊·毕晓普(Roy Bishop)说。这位《皇家天文学会手册》(*The Handbook of the Royal Astronomical Society*)的资深编辑,一直对大多数人对这么显而易见的事情视而不见感到惊讶。

不过,对于外部世界的错误观念来自语言表达。你遇到的每一个人都是错误观念制造者的同谋。当我们说"请把那边的盐罐递给我"时,我们并没有恶意,但另有深意。去请求别人递给你"在你的大脑里"的盐罐的目的是什么呢?这通常暗示,世界存在于我们之外。

"好吧。"你现在可能还会有点迟疑地说,"但是,如果那个窗户是在我的大脑里,那么,我正在举起的手指头呢?难道它们不代表我身体的外部界限吗?"不,它们没法代表。手指也是在你的大脑中。它们是大脑中的呈现。当你触摸时,你获得的是触觉体验;当你用眼睛扫了一下指甲,考虑要不要剪指甲或咬指甲时,你获得的是视觉体验。这些体验都是在你的大脑中发生的。它们代表着你的身体,而身体本身也存在于你的大脑中。房间那头的窗户和墙上的艺术画并不比你的手指更远。同样地,它们都是在大脑中的呈现。

当然,我们通常把距离定义为,譬如说,我们大脑中的身体和大脑中的树之间貌似真实的间隔。我们在到达同样呈现在大脑中的那棵树之前,我们大脑中的腿需要付出努力,花很长的时间"走"过去。所以,我们称之为间隔、空间或距离。不管用什么名称都很好,因为,这就是我们表达事物的方式,以及在大脑中呈现的身体图像与其他对象图像的连接方式。的确,需要花上一段时间才能习惯这种在大脑中发生的从一个部分到另外一个部分的思维散步。在大脑中，对你身体的呈现绝不会与你在外部世界观察到的任何其他事物分隔开。然而，这一切都是真的。

颜色是由我们创建出来的。整个可见宇宙就在我们的身体之内，不在身体之外。没有所谓的"外部世界"。

现在，如果"外部世界"就在我们自身之内，那么，在一个非常具体的意义上，我看到的一切就是"我"。至少在视觉、听觉和感知上，我不会止于自身，也不会止于月球，甚至更远。

但是，难道我就不能依据可控制性，至少在自我和其他对象之间划出界限吗？很显然，只要想要，我就可以控制自己的手，做出各种动作，但我无法扭动你的脚趾头。这么看来，对象之间似乎确实存在着某种真实的、实际的界定。

唉，在这里我们又加入了"控制"这个变量，这个雪球可是越滚越大。大多数人认为，他们能控制东西，即使他们的决定都是自发性地突然冒出来的。我们不知道我们是如何做出决定的，只是决定不知何故就那样发生了。我们也不清楚，如何使我们的心脏跳动起来，或实施肝脏的 500 个功能。我们甚至不知道，我们是如何随着音乐打出响指的，因为如果我们思考过这个问题的话，就会知道它涉及太多的肌肉和神经运动，我们真的不知道如何指挥它们动起来。但我们只是这样做了。

尽管大多数人（爱因斯坦不在其列）坚称，他们有自由意志，可以掌控他们自己的身体、思想和生活，但是自 1998 年以来的大量实验证据表明，这也可能是错觉。

我们不会"去到那里"，探索看似属于二分法范畴的观点。这个问题正是科学家和哲人长期争论的：我们的生命是通过自由意志还是按照决定论抑或自发运作的，甚至是经过我们尚未阐明的第四种过程展开的？这里的中心议题是，"我"和其他人之间，身体的内部和外部之间，以及自然和我们人类之间，所有全部不可靠的分隔都只是相对的概念，其间涉及更多的神经连接是否能够提供关于现实的多种假设。

现实是如何由算法规则构成的？

现实是一个涉及我们的意识的活跃的过程。我们看到的和经历的一切都是出现在我们头脑中的一系列信息，由算法规则（这里由数字 0 和 1 代表）决定，创建出亮度、深度、时间感和空间感。即使在梦中，我们的大脑也可以将信息组装入一个四维时空中（如图 12-1 所示）。爱默生说："在这里，我们站在世界的秘密面前，而这个世界的本质存在逐渐外显，统一性渐变成多样性。"

图 12-1　现实是如何由算法规则构成的

我们需要越过所有这些。在我们寻求把握宇宙的本质时，我们需要把握基线，即真正的基础。因而，出现在我们大脑中的对可见的一切的准确感知，也许是最简单的起点。这通常会招致一些白眼，而此种待遇也是多年来人们总是从其他角度去开始假设所带来的效应。

早在 2015 年时，我们征询过毕晓普博士的建议，看他是否可以提供一些方法来帮助人们"悟道"。下面就是他提供的两个方法。

首先，光从所谓的外部世界到达我们的眼睛，大多数具有些许科学知识的人会同意这一点。然而，大多数人认为他们用"look out"，向"外"看外部世界。难道不正是这两个看法的矛盾之处，表明了其中之一的错误吗？不幸的是，正是我们的语言表达强化了这一错误的看法：看橱柜里面的东西时，我们用"look in"；看街对面的东西时，我们用"look across"；看月亮时，我们用"look at"；通过望远镜看东西时，我们用"look through"。尽管承认光运动的方向，但几乎每个人都认为他们是在看向东西，他们的视觉世界与外部领域在空间上保持一致！

其次，对于观察者来说，颜色并不是外在的。这一点让人理解起来更困难，因为基于视网膜上光活化细胞的四种类型，各种各样的颜色现象就都可以得到"圆满"的解释。这四种细胞类型是：三种在明亮光线感应区的分别对红、绿、蓝三原色之一敏感的锥形细胞类型，以及一种在暗光线感应区的杆状细胞的单一类型（即各自归为明视觉和暗视觉）。

假设视网膜上的锥形细胞是"颜色受体"，那么像在四分之一大小的月亮照亮的场景中颜色的缺失、对颜色的"盲视"也可以产生丰富的色彩感觉和颜色对比等诸如此类的现象，都可以得到很好的解释，就好像颜色是外部世界的一部分一样。直到一个人"悟道"时，即他知道自己不是向"外"看，而是明白视觉世界是在他大脑深处的内心感觉，或他知道自己感知的所有视觉场景都驻留在大脑时，才可能领会，那些难以描述的色彩也是在大脑中产生的。人类在视觉光谱识别方面已经取得了明显的进化优势，我们的大脑逐步形成了一种简单的提供这种识别的方式：对色调的感觉。

没有必要否定外部世界，我们不需要说它不存在。这足以看透这个错误的假设：是我们"看"向外部世界，同时（同样错误地）相信，某个独立的视觉世界潜伏在我们的大脑中，尽管它似乎难以察觉。重要的是，要了解关于这两个世界的假设是虚幻的。我们看到的世界是存在于我们大脑当中的视觉感知。

短语"looking out"（向外看）只能出现在语言中，没有一个真实的"我"可以实施这一行为。这个"我"也是一个隐喻，与"nothing at all"（空无一物）相对应，与词组"being empty"（是空的）中的单词"being"一样空虚。相反地，我们所看到的一切都在我们的大脑中。桌上的一件银餐具可能被认为处于我们面前的位置上，但其实际位置是在我们的大脑中。事实上，只要在你身上做一点点基因修改，你可能就可以使所有红色的东西移动，或者发出噪声，或者有饥饿感，甚至想要性爱——颜色对于某些鸟类也可以起到这样的作用。如果你的大脑回路改变了，外部世界也会随之改变吗？

把宇宙作为一个单一的与意识同义的不灭实体来理解，可能需要多个逻辑步骤，也可能仅需一个"尤里卡！"时刻就能实现。这就好像我们在凝视一组楼梯时产生的那些视觉错觉一样，开始觉得它们是向下的，而后再看时，一切突然都变了，我们对它的感知会完全不同。我们对宇宙现实的感知，也可能有类似的突然转变，这确实是一种奇妙的体验。

这就是为什么我们现在要在视觉问题上花那么多时间。"世界上有多少人看到这一点呢？"当被问及这个问题时，毕晓普博士做了精彩的回答：

我曾经遇到过"悟道"的人吗？是的，我有一个从小就认识的朋友，多年来，我们在一起讨论过许多事情，包括视觉问题。他就有过"悟道"的经历。当地的一个自然历史协会制作过一种挂历，他曾为这个挂历上的一幅展示秋景的照片配写说明文字。下面就是他在几年前写下的那些文字：

"这幅照片呈现的是秋季特有的五彩斑斓的景象，简直是一场视觉盛宴。各种光线（不同频率的电磁波）从叶子上映射出来……而且那些光线由大脑加工处理后，在黑暗的大脑里形成一个图像。通过某种心理投射，我们就得到了一种强烈的印象：我们体验到的图像位于我们身体以外的某处。这真是一种美妙的幻象。"

这不是什么高难度的事，没有涉及数学，也谈不上什么科学。

但是"悟道"所涉及的恰恰是与人们从童年时期就形成的对视觉工作原理的认识背道而驰的理念。尽管视觉的主人不必付出任何努力，因为视觉的运作就是如此完美、简单而奇妙，但人们需要在洞察力和内省力方面实现大的飞跃，从天真地假设人的视觉世界与外部世界在空间上保持一致，过渡到亮度、细部、颜色和三维空间只能驻留在人的大脑中绝对黑暗的某处。这是一个巨大的心理飞跃，对于大多数人来说，实现这样的飞跃似乎也并非难事，但他们很容易被流行的错误想法所误导，其中甚至也包括科学家。大部分科学家都没有认真地思考过视觉问题，我猜测，"悟道"的科学家甚至不到10％，实际数字可能还要小一些。在知觉心理学家和生理学家中，这个比例肯定要大得多。

以我自己为例。在我了解我的视觉世界驻留在哪里之前，即在我意识到颜色和亮度都是由我的大脑提供的感觉之前，我已取得了物理学博士学位。1969 年秋季，我在阅读由 W. D. 赖特（W. D. Wright）于 1967 年写的一本书《射线没有着色》（*The Rays Are Not Coloured*）时，受到了很大的启发。赖特从牛顿 1704 年所写的经典著作《光学》（*Opticks*）中撷取了这句话作为自己的书名，而牛顿是首批"悟道"的人之一。我购买并阅读了赖特的书。这个事实表明，在我 30 岁的时候，终于为取得那种洞察力上的飞跃做好了准备。这一切不过是世界诸多神奇方面的一个，有助于使我短暂的生命变得如此有趣。

我们只是想要读者了解视觉问题，并明白其中的道理。

乔治·伯克利说："我们唯一能感知到的东西，就是我们的知觉。"一所大学和一座城市以他的名字命名。

没有知觉就没有宇宙。意识和宇宙是相互关联的。它们是一个整体，也是同一个连续体。

第 13 章

信息构成现实

> 纯粹的逻辑思维不能给我们任何关于经验世界的知识；一切关于实在的知识，都是从经验开始又终结于经验的。

阿尔伯特·爱因斯坦，《想法和观点》（*Ideas and Opinions*，1954 年）

现实是盘桓在脑海中的信息。这意味着绝对的一切，从"外部世界"的树到我们的时间感和距离感等，都不断地被基于生命的快如闪电的信息系统所构建和感知。我们来看看这是如何发生的。

直接感受与符号：人类获取信息的方式

人们偶尔会说，所有的移动物体（不仅仅是有知觉的生物）都是受信息驱动的。下落的冰雹就是感觉到了引力场的信息，才做出了相应的响应。根据大多数定义，信息是通过能量交换发生的，所以，降下的冰雹确实与行星质量激发的场相互关联。更显而易见的是，你自己也总是通过能量吸收来获取知识。例如，你通过接收一束光，如通过反射光看到这一页上的文字，或通过气流的变化识别语义，如朋友喊出的"你好"。如果信息被定义为所有参与因果交换的一切，那么发生在各个层面上的信息交互都应该是连续不断而又无所不在的。

有些人之所以分门别类地整理信息，是因为他们坚持认为，信息的交互不需要有知觉的观察者的参与，正如彗星"响应"太阳风，总是将尾巴背对着太阳时一样。如果是这样，那么几乎所有的一切都是信息，每个科学学科都得有自己的信息分类和命名系统。如果把抽象层面上的东西也算进来的话，其中一些信息确实与知觉和意识相关。但是，如果每个可能的物理、化学或生物上的能量交换都被认为是信息交互，那么信息这个概念就太模糊了，可以被我们形容为具有信息传输特征的事物几乎是无限的，比如，在不到万亿分之一秒的时间里发生的氧原子和氢原子结合成水分子的事件。

相比之下，如果我们用"知识"这个词语，信息交换就意味着必须涉及有知觉的有机体。不过，由于生物中心主义主张"一切都存在于意识之中""没有观察者，就什么都不存在"，所以我们将使用广泛意义上的"信息"概念。将所有这些关于信息的定义和特征统统置于脑后，我们来探索动物性意识系统，以及现代技术是如何与之交织在一起的。后者将赋予动物以超高速获取知识的能力，并挑战由大脑自身结构决定的吸收能力。

尽管关于意识，还有许多深层次、根本性的奥秘尚未揭开，但把它称为大脑中的信息雪崩，或称为所谓的内部编码机制和外部编码机制的混合体，都应该不算错。编码机制可以让大脑创造出一片广阔的世界，在多个层面上理解事物。

许多这样的信息算法不需要学习，动物天生就具备这种能力。惊人的是，对于复杂的多任务操作，我们人类仅凭与生俱来的能力就能胜任。甚至植物也不需要接受教育，它们自动地对风、引力、光的方向、水，以及各种动力做出响应。我们会在第15章详细展开这个话题。无论如何，信息交换问题的第一块基石涉及方法论：即知识是直接获得的还是间接获得的。你能感觉到太阳的温暖，这是一种直接信息。不需要符号语言或中间媒介，通过你的神经系统，你就能直接感觉到太阳的热量，这是不容置辩的事实。

实际上，对于反对者来说，一切都可能是有争议的。在这种情况下，我们希望通过细节的解释让你更清楚一些。你真正感知到的只是你皮肤上的原子以更快的速度在振动：快速移动的原子就是我们所说的热量。原子由于受到人类不能直接感觉到且不能看见的太阳红外线的刺激而加速运动。所以，当我们享受春天里和煦的阳光时，我们实际感觉到的是一种由不可见光引起的表皮原子的加速。尽管如此，这仍是一种直接体验。

相比之下，所有你刚刚读到的根本不是直接信息。关于红外线这部分的知识，你需要通过使用符号，也就是词汇才能获得。每个符号代表着某种意义，但都不是所指代的对象本身。"太阳"这个词也并不是实际的太阳。这样的符号知识具有表征性。与直接的知识相比，它更容易遭到修改，有可能在将来得到改进，但这并不意味着它就不是真实的。当然，你在读完了前面那个段落后，特别是当你发现有些东西很有趣时，你的大脑中就会形成实际的物理神经连接，有一些还会变成永久性的。此外，当一名服务员警告你说，桌子上放着的电熨斗还烫手时，他所说的这句话就跟你无意中触摸到电熨斗这种行为所获得的信息完全相同且同样有效。所以，在知识获取的有效性方面，一种方法并不比另外一种优越。

一只狗的狂吠声会使附近的其他狗有所警觉，这是一个很好的二次信息的例子。其他狗从第一只狗的叫声中所包含的语气意义、响度、频率及紧迫性来推断其意义，并本能地明白这种叫声意味着完全不同于狂吠声本身的某种含义。它们把这种含义理解为"一个陌生人接近了"，于是，它们对这个信息做出了响应。

因此，间接性的符号信息不可被轻视。这种信息中的一些形式不乏惊人之处。海豚有一种能力，可以发出一系列极为复杂的声音。这些声音在其他海豚的大脑中植入能描绘出某种有趣事情的图像，譬如说，它刚刚发现的一群可食用的鱼。图像甚至可以包括一种"斜体字"，以突出要强调的部分。

数字信息与模拟信息

这两种类型的信息获取方式，我们人类都在使用，并且因为在日常生活中一直使用，我们甚至没有留意到二者的区别。作为获取数据的物理方法，

133

"模拟"（analog）一词仅仅是在我们需要与新出现的涉及"开／关""0／1""是／否"等计算机语言和音乐存储的"数字"（Digital）技术相比较时，才开始用于描述信息检索和存储的方法，而上述两种方法都包含了这个仅有的选择。当然，当我们考虑高级生命形式，也就是那些具有高级神经系统和大脑的生命形式的信息采集、存储和传输架构时，模拟与数字标签都会出现。那么，到底是哪一种呢？我们自己的操作系统（大脑和思维）采用的是数字还是模拟架构呢？很多大众文学作品在这一点上的描述都是错误的。

我们需要了解这些术语都是什么意思。通常，模拟信息系统使用某种电波，或从一种状态平滑地过渡到另一种状态。就像一个脉冲，从零开始增长，达到一定峰值后又返回其初始值。当然，这是一个持续的过程。用图来表示的话，这一过程看起来就像一系列平滑的山丘，中间没有断裂或停顿。它可以表达的含义在本质上是不受限制的，因为它们可以是任何东西。例如，美国的家庭用电每秒变化 60 次，电压通常为正负 120 伏特。但实际上，其瞬时值可以也的确不同，这一分钟可能是 −117.77819 伏特，但下一分钟可能是 118.9980003 伏特，没有人会注意到，也没有人关心。它仍然会完成它的任务。

在模拟信息技术中，我们可以用麦克风来记录以无限方式发生类似于变异的不同的声音脉冲（复杂的空气压力变化）。然后，我们把这些脉冲转换成不同的电脉冲，通过对微小的磁性铁粒子进行重组，把它们记录在磁带上进行存储。在稍后的时间里，这个信号可以被读取、发送到一个放大器，然后是到一个扬声器。扬声器的磁铁使锥形体以慢速和快速脉动，使房间里的空气动了起来，从而再现了音乐。这种方法可以表现宇宙中的所有声音。这就是模拟。

数字信息与模拟信息的性质完全不同，在自然界中很少被使用。具有连续变化特点的波一去不复返了。现在，所有信息都由分立的、没有中间值的波形组成。实际上，编码由一系列的"开"或"关"的信号组成。这可以由很多方法完成。在一张音乐 CD 上，使用大约 5 毫瓦的光：单色（一个单一的狭窄的颜色）光的效果最好，激光是完美的设备，因为生产成本低，又能集中这样的能量。光源较为集中地扫射在 CD 的凹槽上，凹槽包含大约 40 亿个不反射光线的小坑。光在小坑和被称为"平原"的平坦区域上交替扫射，后者把光反射到一个探测器上。每一次反射算作一个"是"信号，是为 1，而没有反射信号时则意味着"无"，是为 0。

事实上，快速旋转的 CD 每秒采撷 44 100 位的信息，这些信息按 0 或 1 的制式排列。在这里找不到无穷大的数字，也没有无限的可能性，相反，仅涉及 0 和 1 这样的二进制语言就可以用来创建普通的数字。

每秒有 44 100 位的音乐被播放出来，所有的数字都在细小的通道或凹槽内（如果展开来，会有约 0.05 千米那么长）产生。源源不断的数据被发送到数字放大器，放大器解读出编码数字的意思，然后将它们转化成波动的电压。这些波动的电压传到扬声器，像之前提到的模拟信息一样，电压脉冲恰当地以复杂的方式快速地扰动房间里的空气压力，我们就听到了音乐。最后，我们最终获得的结果与模拟方式一样。

所以，为什么许多人认为数字信息更为优越呢？因为波会受到不需要的噪声的污染，从而降低存储的质量，而那些 0 和 1，永远是 0 和 1。因而，随着时间的流逝，数字信息会更耐失真或丢失。再者，在数字中寻找灵活的算法模式，可使它们占用较少的存储空间，而波则做不到这些。

神经元形成的"外部世界"

当谈及大脑的功能时，我们会自然地想到，其运作也纯粹属于数字信息。在细胞层面上，我们假定有某个神经元发射脉冲信号或电信号，或者不发射。这似乎正是对数字操作系统的精确定义。此外，由于近年来数字信息是极客们的最爱，我们自然想象得出，我们的超精密大脑肯定在使用最新的和最伟大的技术运作。但在现实生活中，难道你没有意识到，大脑远比这更复杂么？（如果你喜欢学习所有这一切的知识，是因为大脑通常喜欢了解其自身。）

首先，每个神经元不是通过一次性地"扣动扳机"，而是通过一系列的电触发，来实现其刺激或与另一个（或其他）神经元沟通的目的。它可以改变自身的电信号强度和速度。更快速的系列电触发意味着更强的信号。这种不同的方式产生的复杂性远远超出了事物仅仅是 0 或 1 的状态，而是代表着一个系统。在这个系统中，大脑的神经细胞信号被加强或减弱，并伴随着全部的频率效果，构成了一个连续的统一体（图 13-1）。这意味着大脑是一台模拟机器。

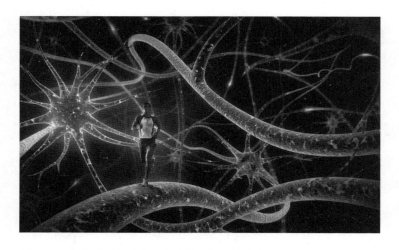

图 13-1　我们的时间感和距离感等，都不断地被基于生命的快如闪电的信息系统所构建和感知

甚至，与这些关于信号的细微之处相比，神经元更有其复杂性。神经元通常接收来自其他几个神经元的电信号，有些输入信号是激发性的，而另外一些则是抑制性的。它们全部联合起来就像一部交响乐，单个的乐器都以其复杂的方式调节着自己的力度。所以，一个特定神经元所"决定"的最终结果是它接收到的所有不同信号的总和。这种信息绝对处于一个连续体中，因此，绝对不是数字信息。

此外，不仅电触发的频率或力度会发生改变，物理神经元与它们邻居的连接强度也会有所变化。这也是在大范围内存在的并非"是／否"制式可比的情形。神经元可以有多个突触（连接点），它可以与神经细胞的主体保持很远或很近的距离（这点很重要），或者与许多其他神经元构成密集集群，或者包括一个稀疏的外围的连接。由于即使在脑组织最微小的样本中都有如此多的可能性，所以，所有信号发射的方式的总和展开后极为惊人。要想表达出大脑的不同连接的所有可能性，需要在一个 1 的后面加上无数个 0，这个数字可以将我们这本书的每一页的每一行填满。毫不夸张地说，大脑／思维的潜力，或其功能的多样性是无限的。

如果我们最新的技术能与头脑中的思维实现互动的话，那应该是超酷的事情吧。譬如说，我们想要体验一下电影是怎么回事，特别是 3D 电影，不妨来试试看。

不久前，这项使用胶片的技术利用的是模拟制式，每一帧上的每个点可以接收到任意的连续的亮度或颜色。此外，早期的电影告诉我们，原来的帧率为每秒 16 帧，处于大脑每秒 20 帧的"闪烁融合阈值"范围内。就像无声电影时代的电影那样，相邻的两幅画面之间有一个暗的间隔，每秒 16 帧的速率不足以阻止大脑看到暗间隔。这让人感觉到画面在闪烁。

声音的出现也带来了电影视觉的一大改进。因为我们的大脑可以"记住"，因而能把约每秒 20 帧到达的图像合并在一起。当放映速度增快到每秒 72 帧时，我们看到的就是连续动态的景象了，没有一丝闪烁或脉动的痕迹。事实上，电影中的图像实际只有每秒不同的 24 帧，但在下一个图像出现之前，每一帧图像会被呈现三次。关键是，技术的设计一直不得不与我们变幻莫测的大脑结构相协调，包括它的一些怪癖。

电影的效果还不错，但如今，在有足够容量的情况下，数码相机的电荷耦合器件（CCD）芯片的每一个部分，会以二进制的方式将足够多的相同信息进行编码，其效果并不一定比胶片电影差。尽管如此，图像质量当然不如 35 毫米的电影胶片好。在使用较新行业标准 4K 放映机的电影院里，这种胶片的放映效果更好。在许多仍使用 2 K 放映机的电影院，放映效果则不佳，甚至可以说是完全模糊不清。

无论怎样，当由大约 800 万个像素构成的同样的 4K 图像被家用电视甚至达到 80 英寸的屏幕呈现时，在正常距离内观看这个图像会超过眼脑视觉系统的分辨率阈值，因而会在细部呈现出更加艳丽的景象。

如果用 DVD 编码来记录这部电影，50 千兆字节的数据空间就足以贮存一部蓝光电影。3D 效果仅仅要求我们的每只眼睛看到不同的图像。在 20 世纪 50 年代，这是由黑白电影来完成的。在同一条胶片上，同时有蓝色和红色版本，观众需要戴着红色 / 蓝色或红色 / 绿色的眼镜来观看，这样每只眼睛就能看到其中一种颜色的图像，但不会看到另外一种。今天采用的方法则是，要么使用左右眼睛分别接收垂直和水平方向的偏振光的偏光眼镜法，要么在眼睛前安放交替快速开关的镜片，并使之与屏幕上交替出现的两组图像同步，这样每只眼睛看到的就会是不同的图像。这些方法创建出真正的 3D 感觉，这对于我们如何看待现实是有启发意义的。

任何具有正常双眼视力的人，都可以体验到视觉世界里景深的美妙感觉。逼真的立体感是由二维的"立体像对"模式产生的。这一技术可以上溯到 19 世纪，在当时，立体查看器风行一时。现在，IMAX 影院可以呈现极为精美的 3D 电影。在所有这些情况下，两个 2D 图像包含着视差信息。由于每只眼睛接收到的图像稍微不同，最近处的物体位移最大，因此，这意味着这些图像会有微妙的差别。

正是得益于每一只眼睛从稍有不同的角度盯着同一点看，观察者才会体验到奇妙的景深，在其面前呈现的就像是真实的三维场景一样。我们的关键点是，当具有视差差异的视觉输入被辨别出来并呈现到大脑的意识部分时，神奇的景深感觉一定会出现在大脑的内部。由此可见，人们感知到的视觉世界的其余部分也一定是在这里，而不是在我们身体之外的"外部世界"的某个地方。

值得重复的是，在我们大脑所构建的现实之外，不存在任何"外部世界"。或者说，如果这是真的，这个世界完全充满了神秘色彩，我们对它还知之甚少。当然，我们这里所说的世界指的不是那个有小轿车疾驰而过、有树叶在风中摇曳的世界，而是我们所知道的，以及我们能知道的一切。它们存在于我们的思维中，或我们的大脑处理的信息中。

如果这一点无法被你接受的话，那么请记住，那些对颜色、亮度和我们继续享受的视觉世界的 3D 景深的某种预兆，那些所谓的"外部"刺激，只不过是不可见的空白的磁场和电场，因为，这才是光的真正含义。

现实是一个持续不断的、没有目标的信息化过程。但从逻辑的角度试图去理解它，是一件完全不同的、零敲碎打的事情。当然，迄今为止，还没有一个精神意象可以充分捕捉到"存在"的本质。找到可能完全能表达这一终极知识的一句妙语或一个短语，似乎仍然是那么遥不可及。

但放弃一切都是来自"外部世界"的观念，而仅仅把意识体验看作是纷至沓来的信息，已经是不错的开端了。

第 14 章

具备意识的机器

也许，真正的智能模拟（机器人）与人类的唯一且显著的区别是，在你用重拳击打他们时他们发出的声音。

特里·普拉切特（Terry Pratchett），《漫长大地》（*The Long Earth*，2012 年）

2014 年年底，著名物理学家史蒂芬·霍金上了新闻头条。他在接受 BBC 采访时说，我们应该非常谨慎地发展人工智能（AI），它有可能"成为导致人类灭亡的'终结者'"。

霍金并非第一个提出此类末日预言的人。美国太空探索技术公司的埃隆·马斯克（Elon Musk）在同一年的早些时候也说过同样的话。他警告说，人工智能"可能比核武器更危险"。拥有比人类更高智能的计算机再加上突如其来的独立意识，这令人担忧。这一想法被称为"奇点"（the Singularity），首次出现在计算机科学家、作家弗诺·文奇（Vernor Vinge）1993 年写的一篇论文中。虽然他对计算机取得巨大进步的最初预测仅仅反映的是其他一些人的远见卓识，如英特尔的创始人之一戈登·摩尔（Gordon Moore）早在 1965 年就预见到计算机的性能将快速增长，但文奇认为，这将导致"堪比地球上人类生命崛起的改变"。

众所周知，从银行业到使用机器人的汽车装配，计算机已经深深介入了我们的日常生活。没有人愿意回到过去，去过那种从事繁重体力劳动的日子，去做比如重复点焊这样的工作。我们甚至习惯了能听懂命令和正确回答问题的机器。在人工智能方面，每年都有取得重大进步的报告。2015 年，加州伯克利的一个团队发布了一项新的强大的能够"深度学习"的人工智能技术，让一个机器人只经过少量训练就能快速学会新任务。机器人迅速学会了拧瓶子上的瓶盖。它甚至搞清楚了在正确旋进之前，需要先向后稍拧一下，以便找到那个正确的位置。

由奇点主义者引发的担心是，人工智能总有一天会到达足够复杂的那一步，即机器拥有自我意识。正是这种特质使得科幻小说中那些幻想中的机器出于它们自己的目的，可以设计出更好的机器人和电脑，最终以某种方式摆脱了人类的控制。

我们当然清楚，像《终结者》（*Terminator*）系列、《西部世界》（*Westworld*，讲述了一个带枪的机器人在一个主题公园里胡作非为的故事）和《2001：太空漫游》等电影，都是在表达这一主题，但是还出现了一个非常清晰而又令人不安的有别于"奇点"的事情。从某种程度上说，电脑搞砸了，给我们带来了麻烦是一回事儿，而让它们获得知觉是另外一回事儿。

人工智能会发展出意识吗？

机器会拥有自我意识，这种想法虽然诡异，但让人不得不相信，因为这种说法来自一些著名的权威机构的权威人士，如康奈尔大学的计算机工程师霍德·利普森（Hod Lipson）。利普森指出，随着电脑问题的复杂性日益增长，将越来越多地要求我们设计出能够通过自适应和自我决断处理即时问题的机器。由于机器在掌握如何学习上取得了更大进展，因此，利普森认为，它必然会"走上拥有意识和自我意识之路"。

这引发了一个新的、极为重要的问题：意识的基础是什么？如果是复杂的电子电路在起关键作用的话，电脑显然是应该可以拥有意识的。我们真的能让机器有知觉吗？

耶鲁大学的研究人员已经制造出一个名叫尼克（Nico）的机器人，它可以在一面镜子里识别出自己，并根据自己的位置和周围的环境进行空间识别。它甚至知道那个对象仅仅是镜子中的反射，而不会天真地认为，那是在镜子后面的东西。尼克的发明人和程序员在谈及机器时说："（它们）正在自主地了解它们的身体和感觉。"

随着超级电脑性能的不断提高，预计到 2020 年，其速度将达到 4 exaFLOP / s（或每秒进行 4×10^{18} 次的运算）时，我们真的会遇到由文奇预测并得到像未来学家、语音合成器先驱雷蒙德·库兹韦尔（Raymond Kurzweil）等人支持的惊人事件——"奇点"吗？在库兹韦尔 2005 年出版的《奇点迫近：当人类超越生物学限度》（*The Singularity Is Near: When Humans Transcend Biology*）一书中，他做出了坦率的预测：到 2045 年时，将出现第一台拥有自我意识的计算机。在这个可怕的"奇点"到来后，人类和动物将和另外一种智能物共享地球——以后永远如此。

对于那些认为外部世界和意识如果不是相互关联的，也是有联系的人而言，毋庸置疑，以上一切吸引了他们的注意力。当我们在阅读有关机器会拥有知觉的相关预测时，有点怀疑的心理是不足为怪的。我们从未见过无生命的物质突然拥有了生命的情景。如果说我们可以把未来的计算机设计得与我们的体系配合得更紧密，那么，何必要让硅芯（大脑）拥有真正的自我意识呢？正如荷兰计算机科学家艾兹格·W. 迪科斯彻（Edsger W. Dijkstra）在赢得了 1972 年的图灵奖之后所说的："计算机是否会思考的问题并不会比潜水艇是否会游泳的问题更有趣。"

毕竟，计算机大脑和人类大脑在功能上存在巨大差距，在性能水平上二者也有天渊之别。电脑拥有巨大的搜索引擎，可以随时调用数据，其效率远超人类大脑。但大多数简单的人工任务，电脑却完成不了。比如，理解某人试图传递微妙概念时所使用的巢状语言结构，或者那些基于分层符号的高阶思想带来的创新观点。

但是，在将人工智能和人类智能进行比较时，再一次地，我们遭遇到了一个隐含的最基本的问题：形成意识的实体的基础是什么。人们很容易认为，如果意识是由适当的刺激输入神经的电流产生的话，机器使用的也是电路，那么，我们是不是正在走上创造意识之路呢（图 14-1）？

图 14-1　形成意识的实体基础到底是什么

形成意识的实体基础

在欧洲和美国，对意识的研究一直在进行中。2014 年，欧洲的一些研究人员在《自然神经科学》（*Nature Neuroscience*）期刊上报告了他们对"高阶意识"（Higher-Order Consciousness）的研究结果。他们认为，"高阶意识"包括抽象思维和自反性，是通过被称为伽马波的电流产生的。研究人员用低压电流通过测试对象的前额叶，模拟伽马波段，试图诱导昏迷患者的自我意识，结果奏效了。被测试对象的神志开始变得清醒起来。研究人员得出结论：意识觉知是由 40 次／秒的电流脉冲诱导出来的。这一切都在强烈暗示，主观体验的出现至少一部分原因是电刺激。

对大脑活动的脑电图研究已经进行了几十年，然而，它在理解意识问题上的实用性仍然是一个热议的话题。部分原因是脑活动通常遍布大脑各处，形式多变；还有部分原因是，了解什么区域控制哪些功能和知觉，与理解当我们在体验各种感觉时到底发生了什么，是不一样的。

正如荷兰研究者何塞·范·迪克（Jose van Dijck）在 2004 年的一篇文章中所说的：“在数码时代，内存最重要……大脑不像电脑，而更像一首交响乐。当它在进行唤起记忆之类的活动时，就会像在演奏同一主题的变奏曲一样，不断变换脑电波的形式。即使我们可以追踪大脑的活动，但我们不能描述正在发生的过程。”

意识问题经常摇摆不定，不容易理解。公众似乎普遍不知道，意识仍然保有各种深奥的秘密。一些人把意识仅仅看作生命的附加属性，是由进化产生的一个偶然特点，会为复杂的生命提供优势。许多人似乎并未认识到，无论是在讨论计算机“奇点”的可能性，还是在讨论我们自己的体验（这是本书的重点）时，意识都是一个意义深远的问题。毫不夸张地说，它很可能是所有科学研究中最深奥也是最重要的一个课题。《大英百科全书》前出版商保罗·霍夫曼也是这样告诉本书的作者之一的。

这个问题确实困扰了科学家和思想家很多年。在给德国神学家亨利·奥尔登堡（Henry Oldenburg）的一封信中，牛顿这样写道：“要确定……（光）是通过什么方式或行为在脑海中产生出奇幻的色彩的，并不是那么容易。”19世纪的生物学家托马斯·亨利·赫胥黎（Thomas Henry Huxley）是达尔文学说的早期倡导者之一，他认为意识的出现是“非凡的”，而且，它“像阿拉丁擦拭他的神灯就跳出精灵一样难以理解”。

现代学者常常为学术问题争得面红耳赤，在给意识下定义时也毫不例外。塔夫茨大学的哲学家、认知科学家丹尼尔·丹尼特（Daniel Dennett）因其在 1991 年出版的一本长达 500 页的书《意识的解释》（*Consciousness Explained*），而可能成为现代学术纷争的始作俑者。由于该书大部分章节涉及大脑的哪些区域与哪些功能相关联之类的问题，仅在最后部分略有妥协，认为意识（如果将意识定义为人们体验的事情）完全是一个谜。这引发了口水大战，直到现在，反对声依然强烈。还有一些人暗指，这部著作是“意识的忽略”。我们至少应该能够清晰地说出，我们试图把握的是什么。然而，

145

这说起来容易做起来难。在写有关意识的文章时，斯坦福大学的物理学家詹姆斯·特拉菲尔（James Trefil）说，"科学中唯一的首要问题，就是我们甚至不知道如何去问。"

然而，不管意识神秘与否，我们肯定想知道，以物理的方式来描述意识，比如说"意识是大脑中神经过程的总和"，这样的描述是否经得起检验。如果在时机成熟时，我们发现，物理理论不能完全解释意识，那么，很可能和神秘的充满宇宙的真空能量一样，也需要使用非物理方法对意识进行解释。这听起来像是在魔幻的悬崖上一样令人不安。尽管如此，一些哲学家坚决主张，意识在本质上确实是非实体的。但如果真是这样，那么就需要借助物理或生物学以外的方法来解释吗？或者像爱或其他无法估量的对象一样，意识也必然是无法解释的吗？

现代意识研究主要围绕大脑功能进行。尽管有研究人员声称，这种模式可以"解释"意识，但在该领域内，甚少有人同意。为了将这一问题在形式上变得更加容易了解，澳大利亚哲学家、认知科学家大卫·查尔默斯（David Chalmers）将相关主题的所有问题划分为"困难问题"和"简单问题"两类，比如，"解释大脑辨别事物、对事物进行分类和对环境刺激做出反应的功能是如何实现的"就属于后者。"简单问题"也包含一些尝试性研究，如大脑的哪些部分与哪些感觉和哪些功能相连接。"简单问题"仅仅要求研究者了解可以完成不同功能的生物机制或神经机制。我们已经看到，这些都是潜在的，也许是完全可以解决的问题，而大脑的映射机制可以完全与我们所知道的自然现象相一致。

尽管公众无法理解，但"困难问题"实际上是非常简单的问题。它就是要解释，我们如何及为什么会有主观体验，比如看和听。无论如何（根据主流科学观点），我们的身体是由无生命的物质，即碳、无机盐和电脉冲组成的，这些物质通过某种方式赠予我们体验知觉的能力。

现在，人们认为太阳没有知觉，岩石也不会"享受"照在它们身上的温暖的阳光。然而，我们人类可以尽情欣赏刚割过的青草的香味，被捏时会感觉到痛，会体验到思想的小鸟在大脑里飞掠而过，也会辨析夕阳的深红色里丰富的变化。我们是有知觉的。知觉是如何得来的？为什么我们会有知觉呢？这是最基本的问题，但到目前为止，还没有找到答案。

这个问题的深度和深刻性是生物中心主义的核心，是怀疑人工智能"奇点"可能会出现的疑点，是理解宇宙必经的探寻之路。没有什么能绕过知觉这道坎。我们需要知道，它到底是什么。

这个问题同样困扰着新一代研究人员，如南安普顿大学的计算机研究员史蒂文·哈勒德（Stevan Harnad）。当回答丹尼特等人提出的一些关于意识的假设问题时，他毫不犹豫地直奔根本问题而去，去除了所有无关的枝节。

他说，问题恰恰与我们的思想或记忆不相关，与什么可能是或不是虚幻的也不相关。"思想"100%是模糊的，如果它只意味着"作为对某一输入做出响应而产生的必然结果，是在大脑内部发生的事情"，那么就没有问题了（根本没有解决任何问题）。但是，如果"思想"意味着"被感知到的思想"，那么你不妨称之为"知觉"（思考和推理只不过是知觉的方式，还有看、触摸、想要、意愿等其他方式）……持续不断而又无法摆脱的烦恼是，如何，以及为什么，所有绝妙的分层图灵功能（Hierarchical Turing Function）都应该被感知到呢？

这就是底线。我们为什么要去感知？如何感知？这种意识（觉察或知觉）感是怎么出现的？它到底是什么？

这是一切的核心。我们不知道，意识在个体出生时是如何出现的。一些印度人相信，灵魂或个人的自我意识是在胎儿三个月大时进入其体内的。但他们是怎么知道的呢？真的有什么东西进入别的什么东西里吗？如果有的话，我们都知道，那就是意识感。我们与它的关系比任何其他关系都更亲近。我们对它的直观感受是，它超越时间和空间（实际上也是）。

我们的记忆是有限的、有选择的，但意识一直是我们最忠实的伴侣。说实话，它就是我们的真实自我。它是怎么出现的？它是永恒的吗？诺贝尔奖得主、物理学家史蒂芬·温伯格（Steven Weinberg）承认，有一个关于意识的问题：它的存在似乎不可能由物理定律推导而来。在这一点上，温伯格绝不孤单。

一台电脑能感觉到快乐和痛苦吗？

生物中心主义表明，我们所感知到的外部／内部是大脑里分类的结果，所有的感觉都在大脑里，而不在任何其他什么地方。没有什么是真正属于外部的，即在我们的大脑之外。我们可以相信，意识在我们的大脑里有一个家。这是相对真理，不是绝对的，因为大脑本身与所谓的外部的树木和桌布差不多，都是在我们大脑中构建的图像。

是在我们的大脑中构建的吗？当然，我们都看到过电影中的解剖镜头。我们假定大脑那约 1.4 千克重的糊状的一团就是一切发生的地方——但大脑到底是什么呢？与埃利亚的芝诺的观点不同，我们假设有无数独立的对象存在于我们的宇宙之中，而大脑是其中之一。我们的意识存在于大脑中。除了对象，还是对象。

但对象到底是什么呢？能量场无处不在，我们看到和触摸的固体仅仅是我们的感知系统有选择地生成的东西。假设我们的感知系统建构得与现在不同，我们就不能看见地球上的任何东西，因为那些东西真正的属性在本质上是伴随着无处不在的无形的能量场的空虚。但这也不是"真实的"，因为直到它被感知到，否则什么也不是。

我们观察到的所有这些丰富多彩的事物，是有意识的时空算法与特定的电磁频率相协调的结果。把你的手放在桌子上，桌子摸上去是固体的。但实际上，没有固体和固体的接触，哪怕是一瞬间的接触。相反，你皮肤的最外层原子都被带负电荷的电子环绕着，而这些电子又与桌子周围的类似的电子相斥，所以你的手和桌子根本没有接触。

固体的感觉是虚幻的，你感觉到的只有斥力电场。存在场和能量，但没有任何固体的东西。这一切都在那个探测器（大脑）内发生。它被赋予了空间（位置）感和时间感，否则就不会有内在的现实。实际上，宇宙可以被看作是模糊的、概率状态的潜在信息，经过大脑系统的加工处理后，大脑系统将它"坍塌"成实际的信息和感觉。这是一个单一的过程，这个过程赋予"我"感觉，即存在感。

然而，我们看到科学出版物上时不时会有文章提到关于电脑是否已经获得了意识的最新"测试"。电脑似乎个个聪明绝顶，但到目前为止，没有一台电脑是万无一失的，或者说，是绝对有效用的。你知道自己是有意识的，因为你体验到了你自己的意识。你无疑会笃定，其他人，还有至少包括"较高级的哺乳动物"在内，如海豚和猩猩，都是有意识的，因为它们的构成及行为都跟人类相差不远，加之它们源自同一个进化树的分支。

2011 年，《科学美国人》杂志刊载了一篇题为《意识测试》(*A Test for Consciousness*) 的文章，这篇文章的作者克里斯托夫·科赫（Christof Koch）和朱利奥·托诺尼（Giulio Tononi）提议用一些测试题来调查机器实际的意识。他们说："我们怎样才能知道一台机器是否已经具有了这种看似不可言喻的意识之特质呢？ 我们的策略依赖于这样的知识：只有具备意识的机器，通过自身对一些诸如普通照片所描述的场景判断是否'正确'，才能证明它自身是否具有主观性的理解。这种将一组事实组装成一幅现实图景的能力，或者知道不应该把大象放置在埃菲尔铁塔顶上的能力，意义尤为重大，因为它定义了意识的基本属性。相比之下，整个屋子里的 IBM 超级计算机仍不能理解什么是有意义的场景。"

但这似乎有些离题了，也与建立意识无关。批评者很快写信（也已被该杂志刊载）反驳说："某一年龄段的孩子，在做梦状态的成年人，或受迷幻药影响的人，都无法通过这种测试。然而，没有人会否认这些人都拥有意识。"

简而言之，我们必须首先学会辨识计算难度和实际感知之间的区别。这或许还涉及知觉。一台电脑能感觉到快乐和痛苦吗？

当我们以普通的方式感知事物时，我们会认为意识是有个体中心的，即你、我和每个浣熊。我们想象意识在生物出生时出现，在生物死亡时消退。

由于它似乎来了，然后又走了，因此，如果人们对于它是否能出现在一台机器上心怀疑问，似乎是合理的。

但如果意识与宇宙是相互关联的，那么这一问题就可默认为是对存在的整体性的探究。解决这个问题与思考包罗万象的宇宙是一样的。虽然这是一个有理有据的古老话题，但是所有采用仅限于代表各个"部分"的符号的方法必然会失败。只有当这些代表性的部分有效地传达了关于整体性的新含义时，运用符号语言的逻辑和理解才是有用的。这一点，它们不仅没有，也不可能做到。这揭示了宇宙学在试图"解释"宇宙时，为什么似乎总是令人眼花缭乱和不完整的。我们还没有取得令人满意的答案，部分原因是我们的问题都是无足轻重的，这不可避免。

我们用语言思考和讲话，进而采用全部是符号的词汇做其他事情。对于架设桥梁或者请求别人递芥末，我们运用语言是恰当的。但是，只要它涉及超越符号意义的事情，如狂喜、爱，或者某些移情感知，当然还有宇宙的整体性时，就会失败。

在我们理解空间、时间和现实本身的本质，以及它们的生物中心基础之前，具备意识的机器不会也不可能出现。

第 15 章

植物的时空意识

我试着用心体会这种微妙的关系，人和森林的心灵感应。

《阿凡达》（*Avatar*，2009 年）

在广受欢迎的电影《阿凡达》中，人类在一个郁郁葱葱、充满生机的星球上采矿。这个星球上居住着蓝皮肤的纳美（Na'vi）人，他们与大自然和谐相处。尽管遭到了反对，人类军队还是破坏了纳美人的栖息地，因为这些栖息地可能会影响连接人类与阿凡达的生物网络。在大战前夕，主人公杰克（Jake）通过神经连接与树神交流，并代表纳美人居中调和。

在这里，我们是从人类的角度看待时间和意识。但是像我们一样，植物也具有受体、微管和复杂的细胞间系统，很可能促进一定程度的时空意识。这部电影表明，我们并不理解我们周围的生命的意识本质。

植物如何进行思考？

本书的作者之一兰札在《赫芬顿邮报》（*Huffington Post*）的博客中写道：

虽然我已看过这部电影三次了，但无论什么时候有人跟我说，植物有意识，我仍然感到局促不安。作为一名生物学家，说意识存

151

在于猫、狗等动物复杂的大脑中，这我可以接受。研究表明，狗有一定的意识，其智力与人类两三岁孩童的智力相当。事实上，1981年，哈佛大学心理学家伯尔赫斯·弗雷德里克·斯金纳和我在《科学》（*Science*）杂志上发表了一篇论文。我们认为，甚至鸽子都能够表现出自我意识的某些方面。但是，一株植物或一棵树呢？考虑植物有意识的可能性似乎是很荒谬的事情，直到前几天发生的事情才让我改变了看法。

我的厨房和一个温室（一个有棕榈树和蕨类植物的迷你热带雨林）合二为一了。在吃早餐的时候，我抬头看了看我的一个获奖标本——女王西米树。在过去几个月里，我一直在看着它长出新叶子。冬至以来，它一直在随着移动的太阳重新调整自己的位置。在此期间，我也注意到，它对树干的受伤做出的响应是发出气根，寻找新的土壤，重新扎根。这真是一种聪明的生物，但显然不是任何已知生物所具有的那种意识。

然后，我想起了电视剧《星际迷航》（*Star Trek*）中《眨眼间》（*Wink of an Eye*）那一集。在这一集中，柯克（Kirk）船长在一个星球上着陆后，找到了一座美丽但空无一人的大都市。这里唯一的生命迹象就是看不见的昆虫的神秘的嗡嗡声。当他回到船上时，另一名船员还是能听见同样奇怪的嗡嗡声。突然，柯克注意到，那名船员的动作放慢了，并停了下来，仿佛时间本身被操纵了。一个美丽的女人出现了，她向柯克解释说，那名船员并没有慢下来，相反，他一直在被加速，与斯卡罗森[①]的超加速物理存在相匹配。回到现实，斯波克（Spock）和麦考伊博士（Dr. McCoy）发现，奇怪的嗡嗡声是存在于正常的物理现象之外的外星人超加速谈话的声音。

我们是从人类的角度考虑时间和意识的。在我看来，我们可以

①斯卡罗森（Scalosians）是该星球的名字。

很容易地加速植物的行为，就像一个植物学家用延时摄影一样。在我的暖房里，柔软如羽毛的生物对环境的响应与原始的无脊椎动物非常相似。但是还远不止这个。我们认为，时间是一个客体，一个不可见的基体，不管有没有对象或生命存在，它都会在滴答声中溜走。生物中心主义说，不是这样的，时间不是一个客体或实际存在的东西，而是一个生物学上的概念，是生命与物理现实联系的方式。其存在与观察者有关。

考虑一下你自己的意识。如果没有眼睛、耳朵或其他感觉器官，你还是能够体验到意识，尽管以一种完全不同的形式。即使不思考，你仍然是有意识的，虽然人或树的形象对你而言会失去意义。事实上，你无法辨识对象，而是会从视觉上将世界作为一个色彩斑斓的万花筒来体验。

像我们一样，植物也具有受体、微管和复杂的细胞间系统，很可能催生一定程度的时空意识。照射在植物上的光子，在茎和叶子的叶绿素中产生一种能量分子模式——糖，而不是产生一个有多种颜色的图案。叶子上的光刺激化学反应，会通过维管束引起信号的连锁反应，并提供给整个生物体。

神经生物学家已经发现，植物也有基本的神经网络和主要的知觉能力。事实上，毛毡苔能捕获苍蝇，其精准度令人难以置信，比你用苍蝇拍可准确多了。有些植物甚至知道蚂蚁要来偷它们的花蜜，所以，当蚂蚁靠近时，它们有办法闭合。康奈尔大学的科学家发现，当一种天蛾幼虫开始吃艾草（三齿蒿）时，受伤的植物会散发出一股气味，警告周围的植物，麻烦要来了。研究案例中使用野生烟草（烟草植物）时，相应地，这些植物会以化学方式进行防御，把饥饿的动物引向相反的方向。首席研究员安德烈·凯斯勒（Andre Kessler）将这种行为称为"启动它的防御机制"。"这可能是植物与植物之间交流的一个重要机制。"他说道。

那一天，当我坐在厨房里，清晨的阳光透过天窗斜射进来，将整个房间照射得熠熠生辉。女王西米树和我都很"高兴"，太阳出来了。

　　作者对我们叶绿素同伴的评价之转变，以及我们刚刚意识到的我们可能已经事先限制了允许什么进入"意识生命"界的行为，多年来就已受到科学界的认可，这在进入 21 世纪之前就开始了。该话题被很多人广泛讨论，如加州大学伯克利分校的新闻学教授迈克尔·波伦（Michael Pollan）。他曾出版过的几本书，以及在《纽约客》（New Yorker）杂志上发表的一篇文章，都是关于植物科学是如何越来越高度关注植物智能的。

　　所有这一切有点像是 20 世纪 60 年代普及的嬉皮士思想的复活。如果你跟植物说话，它们会有响应。如果你放音乐给它们听，或者像对待宠物小狗一样拍拍它们，说明你真的很喜欢它们。当环保运动在过去几十年里迅速发展起来，森林开始被看作不仅仅是未加工的木材时，这样的植物王国代言人（高级哺乳动物）被贬称为"环境保护狂"。

　　一切都让位给一个新的科学领域，该领域有时会被称为植物神经生物学（Plant Neurobiology）。这个学科初创时还颇有些争议，因为即使最热心的植物支持者也不会声称，植物有神经元（神经细胞），更别提有实际的大脑了。

　　"它们（植物）有类似的结构。"波伦在一次公共国际广播电台（Public Radio International）的采访节目中解释道，"它们（接受）……在日常生活中收集到的感官数据……并将之整合，然后以适当的行为方式做出响应。从某种程度上说，它们没有大脑，但却这样做了，真是不可思议。因为我们下意识地假设，人类是需要一个大脑来处理信息的。"

　　很显然，如果只是为了拥有细胞间的交流，或者是信息处理和存储的话，神经元就没有存在的必要。在《科学美国人》杂志 2012 年刊载的一篇题为《植物如何思考？》（Do Plants Think?）的文章中，以色列植物学家、科学家丹尼尔·查莫维茨（Daniel Chamovitz）坚持认为，植物有视觉、感觉、嗅觉和记忆力。但是它们没有神经元，这怎么可能呢？查莫维茨是这样来解释的：

即使是在动物身上，也并不是所有的信息都只在大脑中处理或存储。在更复杂的动物身上，大脑在高级信息的处理上占主导地位，但在简单动物的身上并非如此。植物的不同部分……（会交换）细胞、生理和环境状态方面的信息。例如，根系生长依赖于芽尖上产生的激素信号……（而）叶子向芽尖发送信号，告诉它们开始开花（图15-1）。这样，如果你真的想得出一些结论的话，整株植物类似于大脑。虽然植物没有神经元，但植物会产生且受到刺激神经组织的化学物质的影响！

图 15-1 人们一直怀疑植物是否有"感觉"，尽管很显然，它们对重力、水源和光都知道得清清楚楚

最不容置辩的类推涉及人类大脑中的谷氨酸受体———一种神经受体，是学习和记忆形成的必要条件。植物也有谷氨酸受体。查莫维茨说："从对植物的这些蛋白质的研究中，科学家已经了解到，谷氨酸受体是如何完成从细胞到细胞的沟通的。"

但是经验呢？认知呢？意识呢？对声音的体验呢？我们自然地会假设，没有耳朵就听不到任何东西，但是，在那次广播电台对波伦的采访中，研究人员已经对"毛虫大嚼树叶及植物的反应"进行了记录，"植物开始分泌防御性化学物质"。

波伦等人声称，植物不仅拥有所有的人类感觉，还拥有一些人类没有的感觉。从某种方式来看，这是合乎逻辑的。在基于时间（要知道，这是我们感知事物的唯一方式，而时间不应该被解读成绝对的存在）的体系中，地球上植物的出现比哺乳动物的出现还要早数千万年。

对此，一种逻辑上的解释是，人类改善了植物——我们是离植物最远的进化分支。但也有人可能会持相反的看法，而且会认为，这是由于只要植物需要的话，就可以改善自身，毕竟它们已存在那么多年的时光。不过，据此推理，它们自古就存在，也充分说明了它们实际上至少具备某些层面上的生物优势。

没有人怀疑，所有植物都能感觉到水的存在，或者上／下的方向（换句话说，就是重力），甚至可以感觉到根部前面的土壤密度增大的情况。比如说，它们会意识到潜在的障碍，避免在岩石上浪费时间和精力。

植物甚至也有记忆力。这不只是某种简单的反应能力——由某种刺激导致的自动响应。"就像人一样，植物肯定也有几种不同形式的记忆。"查莫维茨说，"它们有短期记忆和免疫记忆，甚至还有跨代记忆！我知道，这对一些人来说是难以掌握的概念，但如果说记忆可以分为识记（信息的编码）、保持（信息的存储）和重现（信息的检索）三个阶段的话，那么，植物肯定是有记忆力的。"

另一种体验现实的方式

当我们在探索自然和观察者之间的相互关联性时，自然同意把人类作为有意识智能的代表。我们大多数人还是会同意把其他哺乳动物也包括进来，特别是猫、狗、兔子和其他人类喜爱的玩伴或宠物。但这种偏见仅仅是出于我们跟这些动物太熟悉的缘故吗？比如说，我们看见一条不认识的蠕虫，就不把它包括进来吗？或者，我们把"是否具备大脑"作为先决条件，只让那些具有复杂神经结构的动物加入智能俱乐部？

时间与观察者有关。尽管人类已有了这样的先入之见，但是低等动物甚至是植物，也会体验到意识，尽管体验的方式与我们相当不同。对于植物而言，空间和时间的关系也取决于它们的探测器的全部，即使这种体验是分散的，而不是集中在一个像人脑一样的结构里。植物显然有不同于大脑的信息处理和归档过程，但其时间是与观察者有关的，不需要按人类的时间表来运行。

时间是具有生物性的，完全主观的，总是从一个统一的相互关联的过程中自然产生。所有知识都是信息的关联，观察者赋予时空以意义。因为时间并不实际存在于知觉之外。即使对植物而言，也不会具有关于"死亡"的体验，除了植物的物理结构的死亡存在于我们的"现在"中。你不能说，作为观察者的植物或动物来了或者走了或者死了，因为这些都只是时间上的概念。

人们一直怀疑植物是否有"感觉"，尽管很显然，它们对重力、水源和光都知道得清清楚楚。也很明显，它们以非常不同于我们哺乳动物的方式，甚至以所谓的较低等级的生命形态的方式，来实现这些感知。蝌蚪和其他两栖动物皮肤上的色素细胞探测到光时，就可以根据不同的背景调整其伪装。麻雀可以在不使用眼睛的情况下调整其昼夜节律——它们可以通过羽毛、皮肤和骨头感觉到光！尽管老鼠视力不佳，但也可以做同样的事情。所以，仅在 2015 年，人们就发现至少有一种章鱼，其感知与大脑或神经系统没有任何关联。

　　不需要用眼睛看就能感知光的其中一种机制，似乎涉及一种叫作黑素蛋白的物质，该物质于1998年首次在青蛙的皮肤中发现。它允许哺乳动物使用视网膜上的杆状细胞和锥形细胞以外的、完全与这些细胞分开的身体其他部分来探测光。这种感光色素揭示了一个原始的、之前未知的非可视感光系统（图15-2）。

图15-2　蝌蚪和其他两栖动物皮肤上的色素细胞探测到光时，就可以根据不同的背景调整其伪装。麻雀可以在不使用眼睛的情况下调整其昼夜节律——它们可以通过羽毛、皮肤和骨头感觉到光！尽管老鼠视力不佳，但也可以做同样的事情

　　不用眼睛而感知光，是生物节律的一个极其重要的能力。当我们思考无法用眼睛去看昼夜循环节奏的植物是如何感知时间的流逝时，光感应也许可以为我们提供些许线索。人类是在很久以前根据昼夜循环周期确立自己的生物节律的。

　　当然，植物完全依赖光，并通过叶绿素对光加以利用。叶绿素是一种特别"喜欢"蓝光，也很享受红光，但讨厌绿光的分子。这就解释了为什么树

叶和草大多呈现绿色的原因：我们看到太阳光谱中的一部分被植物排斥和反射出去，没有被吸收和利用。因此，树叶是绿色的，并不是因为叶绿素喜欢绿色，而是因为它讨厌绿色，把那些绿色光子反射出去了。

在任何情况下，缺乏眼睛的生命形式，比如植物，显然完全要依赖其他感官去感知现实。它们是如何感知世界上的时间的？这涉及以非可视的方式对光的感知和响应，或许还可以加上能够跨越整个电磁频谱的其他方法。

在高级动物身上，大脑通过创造科学家长期认为的生物版本的计时器跟踪时间。但实际上，我们的大脑的操作方式不是这样的，也根本不像我们熟悉的时钟那样记录时间。这也可以帮助解释，为什么在我们制造流畅的现实幻象时能错误地感知时间间隔的原因——这是大脑在不断地往我们的存储电路刻入事件的结果。植物没有大脑，所以必须以其他方式存储信息和"记忆"，这种方式也许是与每株植物知道该朝哪个方向生长一样的方式。

人类是如何记录自己对时间的感知的，这差不多仍算得上是未解之谜。所以，要弄清楚植物是如何为了生存的需要而"玩转"所有这些信息的，就显得更加困难。因为在最后的分析中，"时间"的区间只不过是生物体创造且加以利用的一个工具。植物通过它去感知周围发生的事情，并有效应对周围物理环境的变化。很显然，它们将这项工作做得太好了，因为它们已生存了 7 亿多年。

通常，我们只把那些在我们使用的生物时间表上能与我们交谈并做出响应的对象称作有感知的东西，但是，我们可能还需要对来自虚构的纳美人世界的生命本质多加了解。电影中的植物有夸张的触觉敏感性，可以通过"信号传导"与人交流。

"电影里的那些植物是假的，"加州大学河滨分校的植物生理学家朱迪·霍尔特（Jodie Holt）说，"但科学是真的。"

第 16 章

大一统理论

大自然和它的规律，隐藏在黑暗之中。

上帝说："让牛顿出世吧！"

于是一切显现光明。

亚历山大·蒲柏（Alexander Pope，18 世纪英国最伟大的诗人）

对大一统理论的探寻已成为科学界最痴迷的事情。这一宏伟的动机可以追溯到几百年前。事实上，这种探寻的诉求来自我们内心深处，因为科学的目的就是要了解世界，了解我们在这个宇宙中所处的位置，以及事物是如何组合在一起的。宇宙中的各种力、各种能量、各种现象和结构越多地被纳入一个简洁的理论框架中，我们就越是能搞清楚所有这一切到底是什么，以及意味着什么。

宇宙的四种基本力

到了 19 世纪中叶，杰出的思想家开始把一些看似奇怪的现象和常见的现象视为一枚硬币的正反面。特别值得一提的是 1865 年，苏格兰物理学家詹姆斯·克拉克·麦克斯韦（James Clerk Maxwell）发表了他那开创性的电磁理论，介绍了电和磁力是相互关联的这一正确观点。电磁力是现在已知的自然界中的四种基本力之一。毕竟，电荷运动产生磁场，就如导线中的电流会使指南针偏转一样。

在 20 世纪最初几年出现的一系列令人振奋的意外发现中，我们了解到，物质和能量在本质上是相同的，因而是可以相互转换的。这是一个更大的飞跃，因为一支粉笔和一束光确实看起来是完全不同的实体。它们的本质具有同一性，而且我们实际上已经观察到能量转化成物质（如由高能伽马射线——光子碰撞而创生出物质和反物质）和物质转化成能量（在氢弹爆炸中）的现象。但对大多数人来说，这仍然是超乎想象的事，并且非常惊人。

目标似乎很明确了：也许，一切都是一个单一的实体，我们要做的只是去找出四种基本力和三种基本粒子是如何相互关联的，以及它们是如何运行的。四种基本力是：万有引力、包含电场和磁场在内的电磁相互作用力，以及作用范围微不足道、只能在原子层面发生的强相互作用力和弱相互作用力。至于那些基本粒子，我们可以从夸克开始。这些夸克三个一组，构成质子。质子再加上中子，构成每个原子的原子核。还有中微子。这些都是最普遍的粒子，但并不足以结合在一起，形成所有物质。

除了这些，今天的标准模型越来越复杂，有反粒子，还有那些寿命较短的粒子，如 μ 介子，甚至还有"携带力的粒子"。此外，要列出所有基本粒子数的绝对数目，远比这件事听起来要复杂得多。

爱因斯坦在 1905 年和 1915 年发表的相对论中，揭示了质量和能量之间的关系。爱因斯坦晚年一直追求一个可将质量、能量、引力和其他一切力统一起来的大一统理论，但未获成功。与此同时，量子力学揭示出了亚微观领域对象的行为，从而开启了人们试图将量子力学和相对论统一起来的探索，并一直持续至今。

19 世纪中叶到 20 世纪中叶，是令人兴奋的 100 年。而后，基础物理的发展几乎处于停滞状态。伟大的物理学家一直在寻找物理学上的"圣杯"[①]，但无处可寻。在 20 世纪最后的几十年里，出现了像弦理论、超弦理论、M-理论这样的理论。应用先进的数学思想，一些物理学家解释说，在超微小——

---

①这里指大一统理论。

比原子核还要小 10^{60} 倍的领域，如果现实是由一维的弦构成的，至少四种基本力中的三种力可以合并。宇宙基本要素的产生取决于一维弦是如何连接或环连的。

这个理论除了行不通之外，其他一切都还不错。反正在我们的现实中，它是行不通的。正如在第 10 章中已探讨过的，要使它在理论上行得通，还需要 8 个新的维度，每个维度都要有特定的数学属性。这个问题从一开始就是显而易见的：没有任何迹象表明，这些维度是实际存在的。我们的感官和仪器都没有感知或检测到它们的存在。更糟糕的是，即使它们确实存在，我们也不可能通过观察或实验探测到它们中的任何一个。因此，弦理论是无法证实及证伪的——你无法设计出一个实验来，证明它是对的抑或错的。

好吧，也许单个维度是不能被测试到的。但是，或许弦理论作为一个整体能提供一个可供检验的预测。不幸的是，在这样的尝试中，弦理论的预测结果在 100 个数量级的范围内不能成立。但该理论的拥护者总是能化险为夷——只需改变那些维度中的这个值或那个值，你就可能让结果与之相符。

随着新千年头几年的逝去，越来越明显的是，弦理论毫无进展。弦理论学家曾预测，现实呈现的方法有 10^{100} 种。这个理论太模糊，因此，大多数物理学绝望了。他们认为弦理论毫无用处。

这就是我们探寻大一统理论目前的状态。事实上，在第二次世界大战之前，人们就发现"此路不通"了，但真正醒悟过来则花了几十年。当然，本书的作者说，这些模型都注定要失败，因为理论物理学家总是在寻找一种统一的理论来解释一切物理现象，而忽视了现实中占重要比重（50% ~ 100%）的组成部分——观察者。然而，这一现实在不断地扯他们的衣袖。科学家始终不停地注意到物理宇宙和居于其间的生命的强大联系。实验在没人观看时是一个样子，在我们（观察者）介入细看时，是另外一个样子。

同时，量子力学显示，对象之间的空间或分隔变化极为显著（或就 EPR 悖论来说，是完全消失的），时间也因之变得很可疑。但没有人想要用所有这些古怪异常的现象去解释任何事，或做任何事。相反，人们将这些发现视作奇谈怪论，要么耸耸肩一笑置之，要么将它们放在脚注里或者加上星号。

人们对量子力学避而远之，这并不应该归咎于科学，是人类自己搞砸了。我们以偏爱错误而闻名。就一起车祸或一次飞机失事而对目击者进行调查时，你都得不到众口一词的叙述。因此，在科学上，在消除人为因素后，效果往往会更好——主观性不具有任何益处。如果你想设计一架更好的飞机，你会真的想把人们的直觉和心情都包含进来吗？航空工程需要可重复的测试，这完全在个人癖好范畴之外。

但在丢弃了人类的个性和缺点的同时，科学也背弃了知觉本身的基本作用。作为无关紧要的而被排斥的，恰恰是具有深远意义的，从根本上甚于人性甚至生物分类的东西。事实上，意识是深刻的，而非奇异的。它是基本的、永久的，而不是短暂的、可有可无的。

探寻大一统理论遇到的另一个长期存在的问题是，有些理论用来解释局部问题时是有效的，但在用来解释整个宇宙问题时则无效。那么，什么会是有效的呢？从苹果推及行星，再到星系，再到作为一个整体的宇宙，这似乎是合理的，但这个假设依然缺乏使其结果具有合理性的可靠的根基。

在第一次世界大战中，有毒的氯气成为一些可怕毒气的主要成分。钠和水是死对头，如果我们扔一些钠在湖水里的话，就会引起爆炸。要是让身体里含水的生命形式处理钠或氯气任何一种物质的话，都会是相当残酷的事情。

如果是两者的结合物呢？无论是研究其结构、熔点、原子质量，还是所有其余的什么东西，你可能都无法想象结果会是怎样的。但你猜对了：让一个元素的原子与另外一个元素的原子结合，得到的是氯化钠——普通的食盐。现在，当这种新的化合物遇到水时，再也不会引起爆炸了。情况恰恰相反。当部分盐溶解到水里时，水还是一样的透明且平静。

至于氯成了一种对你的生命至关重要的元素。如果把所有的氯化钠从你的身体里突然移除，你很快就会死了。你根本没有办法预测，这两种元素的结合会产生那么重要的结果。这证明了化合物的整体特性与它的组成元素的特性是不同的，甚至是相反的。这一点不可预知。

人类逻辑系统之外的微观世界

现在，我们再来思考一下，在宏观的日常生活中逻辑系统是如何工作的。当我们想要沟通、狩猎或建筑桥梁时，我们精心设计的方案往往是细致周密的。但是，因为我们对亚微观领域没有经验，或者说我们需要体验它时，却发现我们用来驾驭它的心智工具还未进化好。结果是，当我们把作用于日常宏观尺度的逻辑流程用于分析小六个数量级的微观尺度的现实时，所有的逻辑流程都失效了。

日常生活中，事情按逻辑规则运行，因为逻辑被创建出来就是要处理日常生活中的事情。此刻在你的厨房里：①有一只或多只猫；②没有猫；③有部分的猫（如果它们懒洋洋地躺在厨房门口，那么它们不完全在厨房里，也不完全在厨房外）。这些是在谈及猫和你的厨房间的关系话题时全部可能的选择。除了这三种，不存在其他可能。

我们再来设想一下，在某处创生了一些电子，它们被发送到另一处有探测器的地方，我们把这条线路叫作路径 A。我们在这条路径上设置了一系列镜子，反射一些电子，使它们需要多走一段路再到达探测器，我们称之为路径 B。我们会一次发射一个电子，并努力测定电子的路径。

我们知道它必须选择其中一个路径，而且，如果我们把这两条路径都堵住了，就不会有电子到达探测器。但是，当我们用不同的方法测定电子的路径时，有趣的事情发生了。通过仔细地标记位置，我们发现，一些电子到达了探测器，但它们没有选择路径 A，也没有选择路径 B，甚至没有同时选择两条路径，也不是两条路径都没有选择。由于这些可能的选项是我们从逻辑上可以想到的所有选择，但电子却做了一些别的事情，这令我们感到抓狂。这些事情完全处于所有可能性之外，因而也超出了日常逻辑的范畴。

这是事实并非猜想。在亚微观世界中的电子和其他一切，经常会做出一些不可能的事，人们把这种情况描述为它们正处于叠加态。这些事件的存在与行为方式既可以和我们能想到的所有可能的方式相符，也可以完全不相符——这就好像在说，今天你既去过银行，又没去过银行，而这两种行为都是千真万确的。

现在，既然微观领域处于我们的逻辑系统之外，那为何元宇宙（Meta-Universe）一定要以顺从我们的思维系统的方式来运作呢？相反，我们应该正视现代宇宙学几乎从未提及的事情：很可能整个宇宙的真正本性与其各部分的工作方式无关，作为一个整体的宇宙确实与其组成部分具有不同的特点。

宇宙（作为一个整体）确实超出了我们的逻辑范畴，这应该是显而易见的事情，但不知何故，这一点却被宇宙学教材忽略了。我们来看看现有的宇宙模型都是怎么说的吧。很多人说，大爆炸是宇宙的开端，但却不清楚，整个宇宙的物质和能量是如何从虚无中得来的——这还不是最让人迷惑不解的地方。因为这一想法被反复提及，所以对大多数人来说，它听上去还可以接受。即便如此，它也是毫无意义的。"大爆炸"（Big Bang）这个词语实际上是由弗雷德·霍伊尔（Fred Hoyle）于1949年以一种调侃的方式首创的，其含义就像这个概念本身从表面看上去一样荒谬可笑。

但如果承认存在一个有天体物理学证据支持的大爆炸的话，那么你就必须面对"该事件之前存在什么"之类的问题。当然，这是无法回答的。你甚至可以说，"宇宙有个开端"这种说法不合逻辑，因为无论从哪里开始，之前它是什么呢？难道这个问题不是已经很清楚了吗？我们给出的是一个无法解决、陷入无限循环的窘境。正如美国哲学家亨利·戴维·梭罗（Thoreau）指出的，我们就像印度教徒一样，想象世界蹲坐在一头大象的背上，大象在一只乌龟的背上，乌龟在一条蛇的背上，而想象不出有任何东西可以放在蛇的下面。

但即使放弃宇宙有任何诞生时刻这一说法，也仍然于事无补。还有人说，一切都是永恒的。若以最近发现的支持"无限宇宙"（Infinite Universe）的证据做指引的话，这也许是真的。但你能想象得出来吗？没有人可以。"宇宙有边界"和"宇宙是无限的"这两种观点面临的窘境是相同的。二者都无法提供任何形式的答案，也不符合逻辑或科学的运作方式。

人们正在用不恰当的方法来解决这种总是得不到答案、总是以彻底的神秘而结束的境况，难道这不是显而易见的吗？

我们目前的所有模型都不能解决这个问题。它们没有回答任何问题。它们使用一些局部的证据，譬如说，2.73K 宇宙微波背景辐射，试图描绘整个宇宙的全景图。它们未获成功，因为没有产生任何令人满意的结果。生物中心主义则通过把生命（观察者）带入大图景中，帮助我们理解正在发生的事情，因而大大改善了这种情况。因为发生在意识基体中的一切都已绝对地被研究过、感知过、观察过、思考过或推测过，所以，意识必须也必然是宇宙大图景的一部分。还有什么比这更明显的吗？

我们这样做过之后发现，时间和空间怪异的本质突然间都有了意义，因为它们是我们思维的工具，是一种为我们所获得的体验提供框架和秩序的方式。它们是意识的语言。当我们要制定从 A 点到 B 点的航线、遵守一场约会，或者要做其他所有事时，都要依靠它们。我们自己随身携带着时间和空间，就像乌龟带着自己的壳。但是，在注意到这一点之后，人们最终得以从不令人满意的传统现实模型中抽身而出。这就解释了海森堡那令人晕头转向的真理：人们不可能同时准确地确定动量和位置——其中一个量测定得越准确，另一个量就越不准确。这解释了为什么科学发现，空间和时间与观察者是息息相关的。将生命带入大图景之后，我们就知道了为什么这些事情总是在按照它们自己的方式运行，所有的一切最终都有了意义。

就像在 AA 会议[①]上那样，我们必须坦承，我们长久以来一直深陷于一种习惯中，总是喜欢按照空间和时间的框架来看待一切。我们总是情不自禁地这样做。只要测量的是桥的长度或地球与太阳之间的距离这样的事情，我们就会觉得空间还是个不错的工具。但是，当我们想要用它了解作为一个整体的宇宙、我们的生命，以及我们在宇宙中的位置时，看到的却是，我们正在使用一个扭曲的、摇摆不定的脚手架。前路茫茫，如烟似梦。

---

① AA 会议（Alcoholics Anonymous），嗜酒者互诫协会。

自然与意识的同一性

我们试图想象，宇宙就像一个盘桓在太空中的巨大的球。但这个球位于哪里？它的外面是什么呢？我们也许能够看到它在空间上是向远处无限延伸出去的，但延伸到哪里为止？我们无法想象。我们把它放入时间，认为它很久以前就已开始，虽然我们知道这不可能，因为它必须是无始无终的——这一点我们同样无法想象。所以，我们的时间和空间框架结构从未真正奏效过。但我们用它，是因为其他人用过。比如，宇宙学家就似乎用过了。那么，他们肯定比我们更聪明吗？

现在，让我们把那张纸揉成一团扔掉，重新来过。这一次，我们要带着十二分的真诚。我们必须放弃空间和时间的事情，因为我们对它们已经了解得很透彻了。将之用于描绘宇宙的局部是不错的，譬如说，半人马座阿尔法星距离地球有 4 光年。但我们不能把这种思维方式用于描述作为整体的宇宙，也不能用于解释一个电子为何既没有选择路径 A，也没有选择路径 B，或者同时选择两个路径，或者两个都没选择等问题。

相反，我们考虑的是整个宇宙的存在，或者巴门尼德所称的"Being"。我们意识到，生命、意识、知觉和感知是前沿和中心问题，在人类的体验中起着关键作用。我们审视了一些量子实验，并意识到，物理世界与我们的知觉密切相关。

到目前为止，一切都还不错。研究关于大脑的书时，我们意识到，我们所看到的，感觉到的，触摸到的和听到的，严格来讲都发生在大脑中。我们停下来，屏住呼吸，于是，我们所感知到的宇宙就在我们的脑海中了。诚然，大脑存在于宇宙中，它被温暖的阳光滋养着。然而，在我们的感知之外，太阳是没有温度或亮度的。（就其本身而言，如果有这样一个对象，它也是无形的，仅仅发出电场和磁场，但是没有温度或亮度。）

让我们坐下来，好好理清这件事。宇宙是自然和"我"（观察者）相互关联的混合体。我们的本质具有同一性。我们是相互作用的。我们现在才明白，为什么先贤们自公元前 2400 年以来就一直在谈论"一元"[①]问题。他们看见了，也体验到了。对于芝诺来说，这也是显而易见的。他急于让大家都明白正在发生的事情——作为一个整体的宇宙正在以无限的能量和生气轻松地运行，从来不会有精疲力竭的时候。

著名的物理学家薛定谔在他 1944 年出版的《生命是什么》(*What is Life*)一书中写道："意识从来就不以复数形式而存在，而仅仅是个人的事。"

在讨论到流传很广的涉及多个灵魂的西方信仰时，他写道："唯一可能的选择就是坚持以个人方式直接体验意识，因为复数的意识是无法知道的。"

事实上，他认为："存在只是一件事，似乎'众多未知'只是这一件事的一系列不同的方面，是幻象，如玛雅幻象[②]一样。相同的多个幻象可由走廊里的多面镜子造成，同样地，赤仁玛峰和珠穆朗玛峰原来就是同属一条山脉，只不过由不同的山谷隔开了而已。"

或许，只要我们能记住莪默·伽亚谟(Omar Khayyam)的话和古老的印度诗歌就好了。莪默说："永远不要把一个世界称作两个。"古老的印度诗歌中有这样的诗句：

> 要明白在你的心中有着与众人同一的灵魂；
> 要将那企图孤立独行的白日梦放逐。

在生物中心主义层面上，我们现在已经取得了一定的进展，但我们意识到，如果我们希望把握一切，那么就需要一些新的感知方式。放弃了时间和空间的框架结构，我们还没有找到新的语言，可以让我们自由自在地描述宇宙的同一性。这是因为，当我们回到符号语言时，悖论一定又会浮现。

我们往往会忘记，所有的知识都是相关的。如果没有"下"，"上"也就没有了任何意义。如果没有"困难"这一概念的相伴，"简单"也就不复存在。

---

①如吠檀多所认为的，宇宙是一个单一的实体。
②玛雅幻象(Indian maya)，在印第安语中"玛雅"有幻象和魔法之意。

信息流与其组成部分真正的类似之处在于它们的互相依赖性，如数字数据中的"0"和"1"，还有"开"和"关"，"是"和"否"。它们中的每一个想要有任何意义或作用，都需要另一个的存在。利用这些简单的相互关联的对立词，我们的大脑就可以理解世界了（如图 16-1 所示）。

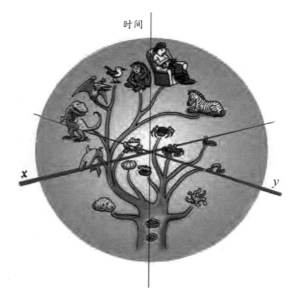

图 16-1　时间和空间并不像我们认为的是坚硬的、冰冷的墙。个体之间的分隔是一种幻觉。最终，我们都会相融为一，作为单一实体的组成部分超越时间和空间而存在

如果大脑与自然是相互关联的，那么，各自独立的思维会在哪里相遇呢？所有的思维都会在那里合而为一吗？只要我们完全放松自己，就可以观察其他人、他们的行为和我们的行为，并感觉到同样的无比轻松的力在驱动我们所有人？

我们真的可以完全放松，并看见我们自己的日常活动全部独自展开，而更真实的景象并不只是"微小而衰老的我"独自面对巨大而可怕的宇宙吗？我们可以让那个景象，连同我们对死亡的恐惧，一起消失殆尽吗？

对于自然／意识的"同一性"，我们要逐渐习惯去接受。不管你觉得接

受起来是奇怪抑或困难，可能只需记住这一点就够了：在旧的、经典的标准宇宙模型中，那些关于宇宙起源的观点、关于宇宙是无穷大的观点，以及种种与这些观点自相矛盾的观点，已使这些模型变得毫无意义。所以，当你面对一个更新的以生命为基础的范式，并被要求放弃以前的模型时，并不意味着你现在必须选择不合逻辑的逻辑。旧的模型纵然是不合逻辑的，而它之所以仍然活跃着，只不过是因为惯性，以及大家对它已经比较熟悉。

虽然生物中心主义不能为宇宙的所有奥秘提供最终的答案，但至少，以生命和意识为基础的推理更加接近现实。能取得这样的成果，也只不过是因为它没有忽视存在的最基本的方面而已。

如果你能把握，甚至感觉到，是我们头脑里的算法创建了所有我们体验到的东西这一真相，你就会知道，使我们心脏跳动的力，也赋予了世界以生命和活力。

如果是这样的话，我们就已发现大一统理论了。

第 17 章

死亡与存在

因为我不能停步等候死神——
他殷勤地停车接我——
车厢里只有我们俩——
还有"永生"同座。

艾米莉·迪金森（Emily Dickinson）
《因为我不能停步等候死神》（*Because I could not stop for Death*，1890 年）

这里我们将要告诉你的是，在死后会发生什么事儿。我们是认真的。

好吧，我们其实并不是那么认真，因为人不是真的死了。

大约 72% 的读者读到这里时，会猜测这一章讲的将是一堆牛粪。因为，关于这个话题，谁能给出肯定的答案呢？然而，请你坚持读下去，然后做出自己的评判吧。

躯壳死了，"我"就不存在了吗？

在我们开启生物中心主义解说之旅前，需要先岔开路去——稍微偏离主题方向一会儿。首先，我们来简短回顾一下日常生活中人们对于死亡的标准看法，尽管这个话题并不那么美妙。至少，"死亡"这个词像是一个令人尴尬的话题终结者，其唯一的优点是具有使对话简短化的倾向。但从本质上说，谁都会有死亡的那一天，即一切都结束的那一天，这是被知识分子广泛认同的观点。他们以自己足够坚韧，也足够现实为傲，绝不懦弱地陷入卡尔·马克思（Karl Marx）所说的精神"鸦片"中——相信来世。这种对于死亡的现

173

代观点并不令人愉快。当伍迪·艾伦(Woody Allen)被问及对于死亡的看法时，他说："我极其厌恶这个话题。"

相反，如果你依然怀抱不合时宜的主日学校的信仰，你会坚信，死者的灵魂正在去往天堂或地狱的路上。如果是在天堂里，他将获得永恒的安宁；如果是在地狱里，他会感觉自己像是在牙医诊所的候诊室里一样备受煎熬。如果你信仰东方宗教，那你可能会猜想，死者会再次托生为一个婴儿，并且注定在几年后又要重新背诵乘法口诀表。

从科学的角度来说，一具死尸也许会挺迷人的，但对大多数人来说，并不那么具有吸引力。极少有医学院的学生和殡仪馆的游客会暂停手中的活计，像哲学家一样思考以下这个问题：这一堆细胞质的混合体到底是什么？我们的视觉感官被设计成可以接收特定波长的电磁波，在这里，我们接收到的电磁波就是这具失去了生命活力的躯干的灰暗色彩。

科学能告诉我们逝者的质量，但物理学家说，我们面前这具静止不动的躯体实际上是一系列活跃的能量，是电场和质能当量。如果能做到充分利用的话，一具尸体所蕴含的能量可以让全美国的灯泡亮上两年半的时间。这需要让这具尸体与它的反物质相互接触，因此，你已故的朋友乔治必须和一位"反乔治"放在一起才好。

尸体中几乎没有什么是固态的，这也是千真万确的事情。一具尸体中超过99.9%的物质仅仅是无穷小的原子核，即使全放在一起，其大小也无法直接用肉眼看到。当这个人充满希望与梦想的一生在被公正地评判时，这些不可见的、微不足道的斑点真的就是所有的存在吗？从表面上看，科学似乎在将死亡变成一件稀松平常的小事，甚至无聊得根本不值一提，但其中一定有许多我们的肉眼无法见证的过程正在发生。

好吧，接下来的问题是：直觉是如何产生的？我们也许从未对此多加考虑。但是，感知和逻辑思维完全是两回事。有时候，它们是一致的。例如，我们都很享受闲坐在篝火旁的感觉。从逻辑的层面来看，这种心理倾向是有根据的，因为火焰多姿多彩、跃动、千变万化，有着诱人的魅力。因此，篝火在感觉和逻辑层面上对人都是有吸引力的。

但是，现在让我们想象一下于无月光的夜晚在乡下旅行的情景。从严格的逻辑层面来说，此时没有什么美景可言。放眼望去，仅在一块灰暗的幕布上有几个零星的白色斑点罢了。唯一还可依稀辨认的只有银河——一条斑驳的灰白色带子横跨天际。为什么这种单调的景色却被认为是特别的视觉享受呢？即便如此，每个驻足于帐篷外的野营者都会体验到一种无以言表的心灵的狂喜。这是一种直观的感受，与逻辑毫无干系。

观看日全食亦是如此。每个人都看过那些如黑色浮雕般的照片，月亮将遥远的太阳完全遮挡在其身后。这些照片看起来也许只不过如海狸修筑堤坝那样——令人觉得有趣罢了。但是，如果亲身经历一次日全食，有些人会情不自禁潸然泪下，有些人会发出彻头彻尾的只属于野兽的嚎叫。这种经历甚至能改变人的一生。需要带上护眼装置才能观看的日偏食则达不到这样的效果。位于地球上特定地区的日全食平均每隔 360 年才发生一次，因此十分罕见，但这也并不能解释人们的反应。当太阳、月球和地球位于同一条直线上时，有某种东西使人们产生了一种感觉，这种神奇的感觉被嬉皮士称为"感应"。这种玄妙的东西跟逻辑毫无关联，尽管它可能震撼了每个观看者的心灵。

这一切的关键在于，我们人类用各种各样的工具来感知并测量世界。在特定条件下，有时候逻辑工具是最合适的，而有时候更好的工具是直接感知，这两种过程都自然发生。有些时候，两种工具得到的结果相符。当我们被介绍给陌生人认识时，他们的好名声早已抢先一步与我们会面，我们会在逻辑上预先对他们有好感。握手和眼神交流能令我们在直觉上感受到会面的一切都是那么温暖舒适，而且彼此心意相通。此时，我们立刻会给予这个人良好的心理评价。

但是有些时候，与他人的会面可能会以尴尬收场。我们对他人的印象可能再次回到嬉皮士所说的"感应"状态，感觉他有某种程度上的怪异、孤僻、独断、暴躁，抑或令人不悦。然而，"按理"，我们仍然期盼他能有所改变，成为出色的朋友。此时，我们的直觉便会与我们的逻辑思维发生争斗。在这种情形下，我们应该相信哪种方式的判断呢？

实际上，我们中的绝大多数人最依赖的是直觉。现在，我们在这个问题上投入如此多的时间，唯一的理由就是为了证明听起来似乎不科学但实际上乃是不容置辩的真理：直觉是真实的，并且常常是值得信赖的。

如果你能够接受这种稍微偏离纯科学的探讨，那么就请你接着往下读。当观察者在不同层次的逻辑和本能之间不再摇摆不定，而只是专注于其中的一种或另一种工具时，这种直觉感知过程才会臻于完美。当我们想要解开一道数学难题时，就需要集中逻辑思维，完全不能分心。任何对我们感性知觉的侵扰或周边令我们分神之物，比如窗外美丽的日落，对问题的解决都是一种障碍。

这一点对另外一个工具（感知）的使用也同样适用。先贤们、神秘主义者或者开悟的人会完全从逻辑思维中跳脱出来，集中自己全部的直觉，清晰地看见自然。他们融入自然之中。在那种超脱状态中，人不再是"局外人"，人与自然具有同一性。在每个素不相识的人的眼中，先贤们都能看见"神灵的容貌"。先贤们也直接感知到，统一体的这个单一混合物——被一些古希腊哲学家如巴门尼德称作"存在"——是永生的。如果一切生命和自然——真正的"自我"都是永恒存在的，那么，有什么会死呢？生与死皆为幻象，而这种知觉都伴随着坚定的信念——一种确定感。这个过程被认为是对现实的认知，而不是新思想的获得。

在我们结束这个关于直接感知的话题前，还有一个小小的补充问题需要探讨。毕竟，因为生物中心主义证实，观察者与自然之间是相互关联的，直接感知本质上是一种有效的工具，每个观察者都与宇宙的本质具有同一性，并且不会将自己与其分割，因而，观察者在深层次上感受到了宇宙的真谛——可是他们怎么可能会知道呢？

所以，我们最后的关于直觉探究的问题是：一具尸体是什么样子的？

那些曾经站立于尸体（也许逝者是他们深爱的某人）旁的人一定清楚，逝者与其在世时给人的感觉是两样的。在一次长途旅行中，即使有人在车子后座上熟睡，你依然可以感觉到他的存在。每个人对他人都有一种独特的"感知"。这并不是时髦的伤感话，即使它听起来有点像。只是我们如此习惯于朋友和家人的存在，并不常常会想到我们所熟悉的人也会有死亡的这一天。但是，当我们伫立在妈妈或是比尔那已失去活力的躯体旁时，会非常明显地感觉到，他们已经不在了。如此迥然不同的感觉令人不安，甚至毛骨悚然。这并不只是因为他们不能再走或呼吸了。的确，丧葬承办人会像这个场合的人常说的那样安慰你："比尔已经走了。那已经不再是他了。"

我们曾经熟悉的心爱的真实存在的人，其生前拥有过的某种充满活力的、有意识的特质，现在已不复存在了。简而言之，人并不只是他们的身体。我们一直无法做到的就是接受这个事实。如果说逝者并不只是他们的身体，那么我们也不只是我们的身体。

因此，在我们试图探索始终困扰着我们的关于死亡的问题时，对于身体的认知就是我们犯下的第一个错误。当我们审视自己的四肢时，我们会说"这是我的手"，但是，拥有这只手的"我"是谁呢？我们可以在理论上砍掉身体上的所有部分，直到我们只剩下装在一只瓶子里依靠营养液维持活性的大脑，但是我们依然会感觉到，"我在这里，我依然是完整的我"。

如果说，无论我们的身体缺失了多少部分，都仍然能够感觉到完整的"我"（你可以询问任何一个不幸的多处截肢的退伍军人），那么，我们把构成意识的电群保存在某种未来的细胞质容器中，又会怎样呢？我们依然完全无法意识到，我们真的不只是我们的身体吗？

动物不会有这样的烦恼。你的猫并不知道自己到底长的是什么样。它甚至不知道自己是一只猫。它也不会去想象，自己应该拥有一具怎样的躯壳。它清洁自己的身体，并不是因为身体自身的意志，而是因为自然的、本能的行为：这是一种它应该做的事情。如果你把自己的手放在它附近，它还会舔你的手。

躯壳死了，而真正的"我"却依然存在。或者说，至少你一旦清楚地明白，你不只是你的身体，接下来"我"会发生什么，就完全是另外一个问题了。

177

大脑产生的"存在"感

让我们回到生物中心主义上来。我们可以把对"我"的感知,即意识本身,看作是一片拥有 23 瓦特能量的云——这是大脑产生我们"存在"感,以及无数知觉呈现所消耗的能量(图 17-1)。正如我们在高中物理课程中所学的那样,能量是不会消失的。它可以转换形式,但永远不会消散或消失。那么,当这些脑细胞死去的时候,发生了什么呢?

图 17-1　我们到底身处何方?
我们处于随时随地可以插入闰日、闰月的阶梯上

首先,永远不要忘记,是思维算法生成了你大脑中的想法,并且,当你在医学院仔细研究一个大脑时,你会发现,是特殊的知觉结构在你脑中生成了表象。我们已经清晰地认识到,除非作为大脑的表象或工具,否则无论是

空间还是时间，从任何意义上来讲都不是真实的。因此，任何看起来占据空间的物体（如大脑或身体），抑或依存于时间的东西（再一次以大脑和身体为例）都不具有绝对的真实性，都只是思维生成的表象。一旦大脑改变其生成过程中的曲折的神经化学反应，那么，时间和空间表象都会如同缥缈的云烟一般消散殆尽。

在生物中心主义中，很显然，现实的相关领域并不独立于观察者的绝对时空秩序。仅仅是观察者创造了时间与空间。因此，从一开始，我们就不能假设身体是在基于某种绝对时空的基体中死去。事实上，从绝对意义上来讲，我们甚至不能说（观察者缺席时）哪些事件是在其他事件之前发生的。时间和顺序对大自然来说毫无意义。

因为，时间与空间都只是我们大脑的工具（概念），并不像黄瓜那样是真实的、外显的物体，而我们所有的知识都是相关的，且都建立在时空关系的基础之上，因而，我们无法理解任何这种时空思维系统之外的东西。

由于缺乏一个更好的词来形容，我们只是简单地把自然的（或心灵的）前思维（Pre-Thought）架构称为"信息"。在我们大脑赋予信息以次序之前，它是没有时空意义的。因此，信息不能被看作是"领先的"——这需要时间上的先后顺序。

总之，死亡或消失于无形的说法，都是没有意义的。"消失于无形"似乎是一个真实的概念，但事实上，这个概念就如同英语句子"it's a nice day"中的"it"一样毫无意义。它出现在语言中，但在实际的物理世界中难以寻觅。构成我们自身，以及意识的信息存在于我们线性的时空思维之外。由于时间并不存在，因此也不会有"死后"，因为你身体的死亡是相对于别人的当下而言的。所有的一切都囿于现在。由于并没有绝对的自我存在的时空基体可以让你的能量消散，所以很简单，能量不可能"去"别的什么地方。你会永远活着。

我们所体验到的只是由大脑中的算法创建出来的关于自我和自然的生机勃勃的感觉，如同唱片机上的探针划过唱片时所发出的声响一样。大脑将获

———— 阿尔伯特·爱因斯坦 ————

对于我们这些忠于信仰的物理学家而言，过去、现在和未来之间的分别只不过是一种冥顽不化、挥之不去的错觉罢了。

得的信息转换成我们所熟知的三维世界的现实，如同唱片在给定区位放出来的音乐一样。唱片（自然或宇宙）上的所有的其他信息则隐藏在表象之后，以叠加的方式存在。

任何与已经体验过的"现在"有因果联系的历史都可以被当作"过去"（即无论现在探针在哪儿，那些都是已经被播放过的歌曲了），而任何与"现在"（即当下）之后发生的事件有因果联系的则属于"未来"（即无论现在探针在哪儿，那都将是在它之后要被播放的音乐或歌曲），但实际上，只有"现在"存在。只有当大脑生成了 3D 现实图像时，其他似乎是"过去"或是"未来"的状态才能具体化。一个人生前的状态，包括他在每一刻的生活及其记忆，都将回流而叠加在一起，最终变为唱片的一部分。唱片仅仅代表信息。

总之，死亡实际上并不存在。如果我们希望获悉躯体分解过程所展示的任何变化的本质，那么我们可以将其理解为一种新生。这个过程一定是一种积极的体验，一种令自我重新焕发精神的体验。在死亡的过程中，我们最终触碰到了想象中的自我的边界。如同古老的童话中所描述的那样，在丛林间，狐狸和野兔相安而眠。如果说时间是一种幻象，那么无数个"现在"之间的持续联系也是幻象。我们到底身处何方？艾默生说："就像赫尔墨斯（Hermes）掷骰子赢了月神从而赢得了那么几天，死神奥瑞斯（Osiris）才得以降生。"——我们处于随时随地可以插入闰日、闰月的阶梯上。

我们再一次强调，过去与未来是与每个独立的观察者相关联的概念。你知道自己有一个祖母，而她也有一个祖母。这些想法是不假，但你不能展开联想说她们都拥有自己的现实的时空。如同你所认为的，你身边的每个人体验到的都是不同的时空领域。但从最深层的意义上来说，所有的一切从根本上都与自然是一个整体。

在这个整体中，并不存在滴答作响的"时间"基体，因为时间除了是每个独立的观察者头脑中的概念之外，什么也不是。我们最应记住的是，将这些现实气泡分隔开的过去、现在及未来，没有任何意义。因此，任何所谓的死后重生的说法也同样没有意义。

许多人相信来世。在某种有限的意义上讲，这也许并不能算错。但从更真实的意义上来说，如果没有死亡，那么轮回又如何开始呢？这并不是要强调，在相互关联的、构成单一永恒存在的自然和意识中没有真实的、分开的个体。我们的目的是要告诉那些害怕死亡的人一个结论：你们的意识永远不会中断。

　　难怪巴门尼德在 2 400 年前，象征性地跑过埃利亚的每一条街道，试图传播那令人高兴的消息：现实其实是既简单又安全的。在那些对任何事情都想得太多的希腊新派哲学家那里，当多元宇宙学说逐渐受到追捧时，和巴门尼德同样住在埃利亚的芝诺，却困惑于那充斥着不可避免的死亡命运的多元宇宙学说。

　　像巴门尼德一样，你和我都知道，时间除了作为当下的基本概念外，其实并不存在。因此，"过去"和"未来"都只是幻象。任何建立在时间基础上的观念，包括最乐观的和最悲观的——你只作为意识而存在，终有一天也会消失。

　　正如爱因斯坦在 1955 年去世前不久所写的："对于我们这些忠于信仰的物理学家而言，过去、现在和未来之间的分别只不过是一种冥顽不化、挥之不去的错觉罢了。"

第18章

万物共生

> 我们需要不断地用无意识中自发产生的、对于现实的想象来欺骗自己……而对于真实的探求似乎只是一种徒劳无功的错觉。
>
> 路伊吉·皮兰德娄（Luigi Pirandello）
> 《信件》（*Le Lettere*，1924年）中的自传式描述

生物中心主义认为，所有事物都是相互关联的，这是真的。我们中的大多数人都在根深蒂固的幻象中勤恳劳作。我们坚信，自有"艰难困苦路"，而无"不劳而获果"，并且想象着，在我们的意识之外，总有一个真实的"外部世界"存在。毫无生气的外部世界包含大量的真实物体，以及一个独自面对它的"小老我"。

这样的想象使我们觉得，几乎整个宇宙都是沉寂的。我们的人生如火花般孤独而短暂地一闪，如同一片永恒死寂的虚无中一点微不足道的生气。难怪乎，当宇宙被正确地看待为一个以生命为中心的实体时，我们松了好大一口气。因此，这种认识是玄妙而令人惊叹的，而"我"与其他对象是相分离的这种感觉正在褪色。

若想接受这种理念体系，也许得从理解生命中还有许多远比我们预想的更重要的东西开始。中国有一句古老的谚语：一叶障目，不见泰山。如果你只"盯着"问题的局部，那么就会失去对整体的感觉。人们只通过逻辑构建出理所当然的"真理"，而这些"真理"又被延展到所有领域。比如说，我们坚信大脑支配着我们的身体。但是，我们也许同样理所当然地想象，我们

183

那些渴求着葡萄糖和能量的胃和肝脏"培育出"一个大脑来，替它们狩猎和出谋划策，并且寻找食物来为这些器官供应营养。

实际上，没有什么是孤立的，也没有什么能统管一切。所有部分都是协同合作的。这一点令我们难以理解，其原因主要是，由于智慧的机械性，我们习惯于将现实分割为数量相对较少的独立部分，再为它们贴上标签。从语言的角度来讲，独立的物体只有当我们为它们命名时才存在。这反过来使我们捡了芝麻，丢了西瓜——非常顽固地形成一种狭隘的有失整体的经验认知。

"自我"是一片虚无，也是整个宇宙

我们也许不会对此多加考虑，但各种各样的幻象却始终如影随形。如果我们关注其中的一些并找出其中的普遍性，也许就能更加开明地抛开那些习惯性的思维。那些妄断经常以"我思考现实"或者"我探索宇宙"这样的常规句为起点。所以，在探究这些幻想时，我们不可忽视最熟悉的难题——我们自身。"我"的感觉依靠我们大脑内消耗的生物电能产生，这使得大脑的研究者和哲学家或多或少地处于持久的恐慌中。做着白日梦，动不动点一杯饮料喝的"我"，与那个通过脏器实施不同功能的"我"是同一个我吗？"我"从哪里来？又将到哪里去？

如果我们尽量严格地保持客观性与科学性，也许会把"我"，即自我，定义为自己的身体，并且宣布皮肤就是"我"的边界。简而言之，"我"就是皮肤防水袋内的一切。相反，如果我们使用的是每个人对"我"的主观感受，那么，"我"的定义就变得十分棘手。毕竟，你可能永远不会感到自己的脚趾会成为完整的"我自己"，因为你始终把它们看作是"我的脚趾"，就好像它们是你的财产一样。

还有我的胳膊、腿、肝脏……谁才是这一切的主人——"我"呢？

这是由伟大的南印度圣人拉马那·马哈希拉（Ramana Maharshi）于70

年前提出的重要问题。他孜孜不倦地向能够揭开最深谜题的关键"我是谁"发起挑战。他强调说，这个问题很简单，不要用数不清的关于神、存在、命运的难题，以及其他难题困扰自己。回过头来，找出究竟是谁想要知道这些问题的答案，是谁体验到了这些精神折磨才是关键。

因此，冥想促使人们只想看看"我"之体验究竟是在哪儿出现的，以及究竟是什么。我是谁？只有那些经历过"自我探索"并且看见了"我"的人，才能获得那个"尤里卡"时刻，以及找到答案时的狂喜。

那些用所有的真诚和努力探求自我的人，最终却找不到自我。他们或许会发现，独立的自我是不存在的，只有思想的溪流在涓涓流淌。或者，换句话说，从这种领悟中，人们会清晰地看到，"自我"既是一片虚无，也是整个宇宙。因此，有史以来最大的幻象就是你的存在——不管你是"杰西卡"还是"迈克尔"，都不能作为独立的个体存在于宇宙之外。

这就是为什么马哈希拉总是把宇宙比作"自我"并用大写的"S"表示的原因。相对地，他把对自我的错误感知用小写的"s"表示。这个小写的"s"就像一个想象中会说话的鹦鹉。

由万物构成的相互关联的生命体

不只东半球的人拥有这种看法。在获得诺贝尔物理学奖 11 年后，薛定谔写道：

> 这个"我"到底是什么？如果你仔细分析，我想你会发现，和一系列单个的数据（体验和记忆）相比，它多那么一点点东西——就像一片可以从中采集各种数据的画布……
>
> 然而，如果一位技艺娴熟的催眠大师成功地抹掉你先前的记忆，你不会认为是他杀了你。目前，在任何情况下，造成个人体验损失的事件都不会被谴责。永远也不会。

———— 埃尔温·薛定谔 ————

量子力学奠基者

　　这个"我"到底是什么？如果你仔细分析，我想你会发现，和一系列单个的数据（体验和记忆）相比，它多那么一点点东西——就像一片可以从中采集各种数据的画布……

再次回到我们的中心论点。生物中心主义得出的结论是没有死亡，没有时间，没有空间，只有一个单一的活的实体。这一结论是经过科学考证的，排除了那种认为毫无生气的宇宙是与生命和意识分离开的宇宙模型。那些致力于格物致知，或静思大脑中到底发生了什么事情的人而言，都可以得出同样的结论。

正在发生变化的不仅是人的身体内部，还有外部的宏观世界。实际上，这两者并没有什么不同。我们是一种混合体，是由外部宏观世界和身体／大脑组成的一个实体。我们也都如同树一般，根须向下分叉、延伸，最顶端、最纤细的枝条向上舒展。空气、水、电流、大地本身，以及我们的身体／大脑——所有的一切共同组成了一个相互关联的生物体。我们并不是从宇宙中产生的。我们甚至不仅仅是宇宙的代表。我们就是它本身。它所拥有的空气和水组成了我们的存在，我们与其不可分割。

与对"我"的感觉"小老我"形成鲜明对照的是，外部幻象带给人的感受也可以是规模宏大的。2012 年，加州大学伯克利分校的一支团队研究了 90 万个星系后发现，在大尺度上，空间并没有呈现出弯曲的迹象。那么结论是什么呢？这种平坦的大尺度的空间结构暗示，宇宙很有可能是无限的，因为一个有限的宇宙将会展现出一种时空的弯曲现象，这是由其自身内部星系和暗物质的巨大质量导致的。这个新发现表明，宇宙中的星系和行星是无穷无尽的。

2013 年 4 月，时任美国天文协会（The American Astronomical Society）主席的黛布·拉艾尔梅格林（Debra Elmegreen），在被本书的作者之一问及她是如何看待包裹在一个无限大空间中的可见宇宙时，耸了耸肩，说道："即使我们只能观察到宇宙非常小的一部分，就已经足够我们忙的了。"

但她稍微说错了一点。我们观察到的可并不是宇宙很小的一部分。你看，任何数除以无穷大，结果都是零。这意味着，我们甚至无法看清这个神创的伟大作品的一个小笔触。因此，正如我们在第 1 章中简短提到的那样，我们有生之年所能期待去了解的，只是宇宙的百分之零。当样本容量为零时，任何结论都是不可信的。因此，这种幻觉有时甚至会延展到，我们认为自己知道宇宙的一切事物。

我们在此再举一个流行于一些宇宙学家中的观点：一切皆源于虚无。简而言之，由所有的质量和重力产生的正吸引力都会被由暗能量产生的负排斥力平衡掉。加和减相互抵消。因此，一些理论物理学家板着脸，一本正经地总结说：宇宙在本质上是虚无。

这一结论有用吗？这到底是有力的推断，还是一派胡言？我们真的能从真实的虚无中得到什么东西吗？把物质分为正的或负的，然后宣称它们会互相抵消，但这并不意味着，它们真的就是正的或负的。这只不过是思维上的分类罢了。

事实上，在进行最大尺度的宇宙研究时，我们想要"到那里"的原因，是为了弄清楚宏大的万物依然保持着的神秘。海森堡曾经说过："大自然本身比以往任何时候都更能促使当代科学的发展。把通过思维手段理解现实的可能性这一命题列入议事日程吧。"

没有物理学家能够回避那些难以捉摸的问题：宇宙是如何物化的？是否有开端？无论人们是否坚持经典的宇宙模型（宇宙与我们的意识无关），宇宙大爆炸的开始时刻对他们来说仍然是彻头彻尾的谜题。即使把宇宙大爆炸叫作宇宙的"起点"，也并不能让我们向前迈出任何一步，因为没有人知道关于这个可能是无限大的、宇宙从中产生的实体的任何事情。对于这个更大的宇宙的一切，我们只能猜测，它到底是像经典领域中所描绘的那样，正以超光速的速度膨胀呢？还是如同生物中心主义观点所描述的那样，超越了头脑的算法？

宇宙有诞生之时吗？宇宙到底有多大？宇宙到底是由什么构成的？即使在今天，那些与生物中心主义无关的标准模型依然无法解开这些谜题。经典物理学、量子力学和生物中心主义都认为，意识不可预测，这又在谜题的汤锅里加入了新的神秘成分。

即使回到最简单的"有"和"无"的概念上，总有什么需要一开始就假定是存在的，无论它是在大爆炸中产生的还是由上帝创造的，抑或个人天生的某种倾向恰好使然。如果你预先假设在你本身之外存在一个真实的、独立的世界，那么除了一些理论上的阻力之外，你本身的产生就是你理解大爆炸理论将要遇到的首要问题。如果在大爆炸之前什么也不存在，那么一切只能在瞬间与虚无中产生。现在我们可以很明显地看出，当代关于宇宙本质的理论就如同在虚幻梦境中游荡一般。如何摆脱其影响呢？

我们首先从认清在我们自身之外并不存在一个真实的外部世界开始。宇宙大爆炸是一系列相关理论的一部分，在逻辑上与观察者有关。没有物质必须被创造出来，因为所有的一切都是同一个永远存在的思维概念。

根据生物中心主义，离开了构成大脑算法的时空逻辑，我们就无法理解任何事情。如果你一定要问宇宙是如何产生的，究竟是否有开端，抑或问所有这种无法确定的问题，那么你就会回到巴门尼德的存在论，以及那些神秘主义者的主张上去了。如果这些问题能在"开悟"状态被直接理解，那自然是再好不过的了。但是在科学和逻辑工作中，如果我们想要了解到底是什么构建了这种无法探索的领域，那么，我们没有理由让这件工作变得既令人兴奋，又令人沮丧。古希腊人根本不会为此烦恼。他们普遍发现，这项徒劳无益的工作很好玩。如果有什么明显超出了他们的知识范围时，他们就会放声大笑，喝上一杯酒，然后将之置之脑后。

打破幻想的第一步是抛弃当今呆板的宇宙模型。和那些过去猜想的有一只乌龟驮着我们脚下的大地一样，这一模型已经过时。即使这样，我们依然还会为一些无法掌控的东西所羁绊，因为这些东西要通过逻辑象征的基体——语言这一媒介进行传播。

而打破幻想的第二步就是排除对"我"的感知。即使我们理解，正是这个"我"——我们自己，创建了时间和空间的框架，但这也依然不足以揭示我们对整体性充盈、丰富的体验。事实上，随着强有力的科技仪器同时拓展了我们的观察范围和幻想领域（如当我们使用望远镜时），面对广袤的宇宙，我们的内心不仅充满了崇敬之情，而且也充盈着越发强烈的渺小感及徒劳无功的无力感。因此，在我们描述宇宙大图景时，现代科学知识很难有所作为，让我们找出"宇宙中究竟在发生什么"这一问题的答案。

这是一个广阔的充斥着视觉幻影和光学幻象的领域。我们的宇宙既古老又有趣。其中有无法看到的真实的东西，比如爱、中微子和暗物质。但是，反过来，其中也有根本没有实体但外观却相当引人注目的东西存在。我们已经在满是镜子的大厅中唤醒了它。

这种迷人的存在就是镜子中的无数倒影。尽管如此，通过揭开表象的面纱，生物中心主义打开了一扇通向有无限可能存在的崭新世界的大门。

第 19 章

未来对生命与意识的探索

未来还不确定，如果听天由命，我们将一无所获。

奥勒·哈格斯特姆（Olle Haggstrom），《未来科技通史》（*Here Be Dragons*）

本书在开始的章节用大量篇幅驳斥时间论，因而本章的标题让人看后可能有些困惑。但是，当我们仔细思考，想从所有这些分析中得到些什么的时候，并不是说我们就一定要"升级"我们的生活，像独享一座岛屿并过着奢侈生活的人那样，言谈举止不受时间的约束。我们依然要按时赴约。我们生活在一个以时间为核心价值的社会。因此，为了避免被关进精神病院，我们的行为得审时度势。

逐渐进入宏观世界的量子理论

我们中的多数人都在寻找"生命的意义"，或探寻什么是真实的，这只不过是因为我们都想要完全理智地面对自己的内心。在对宇宙的理解上，生物中心范式走过了一段漫长的路，支持这一方向的科学研究势如破竹。但是，如果自然和观察者内在的统一性及其产生的所有可能影响（其中最主要的是死亡幻象）想要赢得更广泛的认可，就仍需要不断地接受科学的检验。

毕竟，20 世纪的科学研究已经彻底改变了我们对宇宙大小的看法（在埃德温·哈勃于 1928 年得出地球到漩涡星云更精确的距离之前，漩涡星云被广泛地认为只是银河系范围内的一种星云），彻底推翻了定域性理论（定域性理论认为，物理效应只能由附近的物体或力的作用引起，量子力学推翻了这一理论），将火星从可能存在生命的星球名单中划掉，并对所谓的主流的现实观做出了不计其数的修正。特别是在 1905 年至 1935 年间，爱因斯坦和量子力学永远地改变了物理学。一些被揭示出来的事物使人们的日常生活发生了细微的却是决定性的变化。

并不是所有的新知识都能对主流观念产生积极的心理影响。在 20 世纪，科学界日益发展起来的一种对宇宙的假想认为，在静默、随机的宇宙中，生命的出现纯属偶然。这对把人类的思维从宇宙中孤立出来的做法有次生影响。这也许会让几乎所有人都觉得自己无足轻重，甚至活着本身就是一件幸事。这一点加之宗教信徒日益减少的事实，可能给人们一种这样的感觉：在这个由随机而不是有序规划或完美统治的宇宙中，我们人类需要尽可能地利用环境，抓住我们需要的一切。一个从本质上与我们分离的宇宙，也是一个可以随时让我们兴奋起来的宇宙。但若有人认为我们的出现只是巧合的话，就会形成一种人性与自然对立的观念。

目前的宇宙模型只能让我们感到自己如同浩瀚宇宙中的一叶扁舟，孤立而脆弱。同时，这些模型对我们的日常观念产生了持续的影响。因此，20 世纪的宇宙学不仅已经自证了它在提供有意义的宇宙大图景描述上无能为力的事实，而且从本质上疏离了我们与自然的关系。由此可见，科学不仅从知性上，而且从经验上和情感上，能够并且确实在影响着我们。

这就是为什么我们希望有更进一步的支持宇宙的生物中心主义模型的研究，而且希望最终能将这种模型纳入我们的世界观的原因。那么，对于个人而言，又能从中获得何种益处呢？

首先，我们与自然具有同一性，并非独立于自然而存在。意识与宇宙是相互关联的。真正地理解这一事实，当然有助于迅速改善我们与环境之间的紧张关系——你总不至于跟自己开战吧？（嗯，也许你可以以某种方式做到，但在此处我们应抓住重点，而不是钻什么牛角尖。）当一个人意识到自身与众多星系有着千丝万缕的紧密联系时，心中自然会生起某种平和感与满足感。至少，它带来的是心灵上的松弛，而不是与周围环境的持续的心理冲突。

其次，拥有一种最终有意义的世界观能使人们产生合乎逻辑的满足感。 所有表明观察者重要性的、令人不安的量子实验，以及所有基于时空理论对于现实大图景所做出的烦琐的推导，都是站不住脚的。对于大多数人而言，将所有这些自相矛盾的科学怪谈全部丢入垃圾桶更为妥当，因为他们没有足够的脑力理解这种复杂烦琐的物理学。我们希望科学有所作为，甚至在最大尺度上的问题也不例外。现在，科学已经能够做到了。

再者，这种观点提出了诱人的新的研究方向——将生物学和物理学结合起来。 这是人们期待已久的事。一些试探性的研究项目已经在开展中。其中有的项目在探寻量子力学如何应用于宏观世界，也就是我们的日常现实生活。因为量子力学已经充分论证了观察者与被观察对象之间的紧密联系，以及看似无论分离多远的对象之间的连通性。观察量子力学在可见对象上的实验结果会比在亚微观层面上有趣得多。

这些研究已经成为现在进行时。量子力学在微小物体上的应用效果是极为引人注目的，但当它应用于巨大的原子聚合体如月亮或者火车头时，效果就远没有那么明显。人们应该知道这是为什么。它与一切事物的波动性有关，因为所有的物质本质上都是由波构成的，或者在我们做正常的实验时，物质至少表现出了波动性。光、电子和其他小物体的波长是非常小而且相关的。这意味着，当它们被观察时，它们表现出了极化和振动频率等这样的特性。一些量子效应中的怪诞现象，如量子纠缠和隧道效应[①]，经常出现在微观尺度的物体中。

事实上，量子效应在日常宏观世界中也是可见的。肥皂泡上旋转并流动

---

① 隧道效应（Tunneling），物体在瞬间通过传统意义上不可逾越的屏障，在另一侧物化的效应。

193

着的彩虹、孔雀羽毛上和贝壳上色彩斑斓的光泽都是衍射，是波的量子效应。甚至更大（更长间距）的波也可以显示出量子效应。无线电台信号绕过障碍物，到达经典物理学认为不可能的地方，从而被人们收听到。

但当我们在看一块巨石时，实际上得到的是一个巨大的种类迥异的波的集合，因为这个物体是由众多的独立的原子组成的。量子效应仍会发生，但量子的概率性质使它们全部以相同的方式发生波函数坍塌变得不太可能，特别是当这种方式是一个看起来不太可能的方式时，那就更不可能发生了。下一次当你走进厨房时，有可能发现你家的冰箱不见了，因为它已隔空移动，到白宫安家落户了，这可能吗？科学研究表明，这并非不可能，但这种情况与众多其他波函数相比，出现的可能性非常小，或许当地球上的人类时代结束后才能被真正地观察到。

重要的是，要记住，微小的物体具有更容易被观察到的波。发生波动现象也就是干涉时，这些波或相互抵消，或相互加强，而宏观的物体却不会有这种特性，比如说，棒球。当一个棒球击打另一个时，你不用满心期待会看到两个球都消失不见。因此，物质波的集合体使我们在宏观世界中观察量子效应变得愈加艰难。在量子领域，对象可以同一时刻既存在又不存在，或者说它们能够以完全独立的不同形态被同时观察到。但是在经典力学的世界中，一个对象只能存在于一个非此即彼的状态。与电子不同，一个哈密瓜要么在这里，要么在那里，但不能同时出现在两个地方。

但这又是怎么回事呢？在多大尺度，或者说在什么条件下，我们可以实现从量子行为到经典行为的过渡呢？

许多人认为，量子的奇异性和两地共存状态的消失，即"退相干"（Decoherence）是通过与周边环境的相互作用迅速实现的。因此，物体越大，实现的速度就越快，因为有更多的原子参与其中。

有一些人则认为，可能正是引力导致了从量子行为到经典行为的过渡。

　　另外一些人则猜想，一些量子态，如动量，比其他因素更能阻挡"退相干"。

　　还有一些达尔文主义者认为，其中最顽固的性能可以保持量子态更久。

　　也有些人认为，从"可见"这一层面来说，人们可以在更大的物体上看到量子效应。

这一切都是与生物中心主义有关系的，因为它们揭示了我们所说的外部世界中观察者具有明显的不可缺少性，以及时间和空间的不真实性。

量子世界和经典世界似乎很不相同。关于物理实体是如何改变它们的行为方式并在两个世界之间进行转换的，我们还不是很清楚，所以这一问题仍然是目前的热门研究课题。最近，物理学家想了一些新方法来解释这个问题，再一次把大家的注意力带回到观察者的角色的问题上。

他们认为，如果用非常精准的测量进行观察，任何物理系统都会显示量子行为，但只要测量较粗糙或模糊，系统就会发生变异而显示经典行为。当处理的粒子或光子的数量和可见世界里发现的一样多时，就会出现这种情况。换言之，正是测量的粗糙化决定了所谓的量子世界到经典世界的过渡。如果这是真的，那么观察者确实是所有层面上的操纵者。

生物纠缠态：破解"薛定谔之猫"的谜题

在21世纪的第二个十年里，为了科学地把所有问题弄个水落石出，科学研究的主要问题就是要探究粗糙测量未能可靠地产生向经典行为变异的原因。让研究人员不能确定的是，最终导致从量子行为向经典行为过渡所需的准确参数。

然而，在2014年发表于《物理评论快报》（*Physical Review Letters*）上的一项研究中，物理学家发现，"测量"实际上是一个双重过程。与以前的假设相反，最终的检测不是唯一的组件。相反，充分获取信息也需要设置和控制测量的参考数值，比如时间和角度。这对我们的大脑真正把握所发生的事情至关重要。物理学家发现，当这些数值被控制的时候，事件过渡到经典物理世界是恒定的，不可避免的。由此可见，在探究宇宙是如何展现自己的旅程中，观察者的知识无疑在所到之处都留下了深深的烙印。

因此，我们依然在研究，如何适当地放弃长期持有的牢固植根于局域实在论（Local Realism）的逻辑思维。让我们回顾一下第 7 章中已详细论述过的这部分内容。经典的观点断言，不管我们是否测量，对象就在"那儿"，并认为对象总是携带着所有决定它如何行动所需的信息。如果我们的探测器表明，它呈现出了某种特定的行为，经典思维就允许我们预测它的行为方式，比如它选择的是哪一条路径才到达了我们现在看见它的地方。

但是，生物中心主义及其非经典思维更有优势，因为它可以无须借助实验仪器，就能展现事实上并没有任何真正独立存在或自我存在的经历。因此，在我们观察到它之前，粒子实际上没有任何种类的"路径"。除非我们的实验就是为了寻找粒子的路径而设，否则，即使在我们观察到它时，它也是没有路径的。此处的关键点是，这个粒子的现实取决于我们的观察。

最近，像纠缠态或隧道效应这样的量子现象引起了研究者极大的兴趣。这倒不是因为很多人在乎生物中心主义中关于自然和思维是相互关联的论证，而仅仅出于商业目的，人们想利用这些特性罢了。其中最主要的是计算机。由于量子力学所展现的无须时间的瞬间操作现象不像电那样囿于光速，下一代计算机将有潜力拥有更快的反应速度。因此，在未来的数年里，人们期望量子力学原理会被越来越多地应用于实际目的。

想象一下，这一切是多么有趣呀，我们可以观察到宏观世界里依赖观察者的那些效应。对于这些奇特的宏观层面的量子效应的探索，目前正在积极进行中。每一年，全世界的各种实验室里都有几个成功案例的报告。例如，在《自然》杂志 2010 年刊载的一篇文章中，加利福尼亚大学的一个物理学团队证实了一个宏观机械系统的量子效应——一种微小的带有可动部件的鼓，肉眼几乎看不见。

该研究的主要课题是找到一种方法，将物体的所有原子冷却到接近绝对零度的"量子基态"（Quantum Ground State）。一旦温度达到，研究人员就创建出一个叠加状态的"鼓的蒙皮"，使得鼓和蒙皮处在共鸣器中有激励和没有激励的叠加状态。敲击鼓与没有敲击鼓的状态同时存在。

最近，碳酸氢钾晶体展现了约 1.3 厘米高的量子纠缠的脊线。这表明，量子行为可以推进到常规世界人类大小的对象。2013 年，用每个由 810 个原子构成的分子进行的双缝干涉实验成功完成。也是在同一年，一种由 5 000 个原子构成的分子成功地显示了波粒二象性。这个巨大的分子，$C_{284}H_{190}F_{320}N_4S_{12}$，足有一个小型病毒的 1/10 那么大。

这表明，这些量子效应不局限于亚微观领域。每一年，在纠缠态的光、颗粒和物体的更大一些组件方面，相关研究工作都会取得更大的进步，因为科学找到了观看量子力学魔法的最有效的方式，并将之推进到了宏观世界的尺度。

在很多持续不断地从事这方面工作的人中，瑞士物理学家尼古拉斯·吉辛（Nicolas Gisin）率先在 1997 年确凿地证明了纠缠态存在的真实情况。当时，他用的是单光子和光子束，但近些年来，他用的是一次包含有 500 个光子的多光子纠缠态"闪光"。

量子纠缠现象证明了生物中心主义所主张的"无论是空间还是时间，都不是存在于动物感知之外的独立实体"这一观点。随着能够纠缠的物体越变越大，纠缠物体的真实情况似乎也越来越惊人。例如，在 2013 年，科学家使两颗微小但可见的钻石处于纠缠态，观察其中一个，可以瞬间影响另外一个。事实证明，即使是物体的属性，如运动，也可以处于纠缠态，而不像我们前面描述的那个鼓那样，仅仅是振动。

几年前，正如《自然》杂志上报告的那样，研究人员使用了两对相隔240 微米的处于纠缠态的振动粒子。当其中一对被迫改变运动状态时，另一对也改变了。而在此之前，运动的纠缠态从未被实验验证过。

为了成就这一伟业，科学家使用了两对原子核。他们让每个原子核都带一个正电荷，并可以通过电场的作用来移动。每一对原子核都包括一个铍离子和一个镁离子。它们一直反复做着朝向彼此和远离彼此的振动，"就好像它们是由一个无形的弹簧连在一起那样"。当研究人员利用电场和精确瞄准的激光，通过停止和启动其中一对原子核的振动从而改变它们的运动状态时，另外一对原子核马上也以完美的镜像方式诡异地做出了响应。

另一个令人感兴趣的问题是，如我们在第 7 章中提到过的，什么样的观察可以诱导双缝干涉实验中的瞬时变化？如果是一只猫在观察试验，电子也会失去它们的概率状态并发生波函数坍塌吗？目前，主流科学界没有人能够说自己知道答案。

最近，在量子信息学的创始者之一胡安·伊格纳西奥·希拉克（Juan Ignacio Cirac）的带领下，一组研究人员提出了一个实验设计，研究病毒是否可以用于这些量子实验。你能想象吗？生物的纠缠态！

参与研究的科学家这样写道：

> 量子力学的最显著的特点是叠加态的存在，即一个对象在同一时间似乎可以出现在两个不同的位置上。叠加态的存在已被验证，而且……在光机系统上的新进展可能很快就能让我们创造出更大物体的叠加态，如微型反射镜或悬臂，从而在更大尺度上检验量子力学的各种现象……我们的方法非常适合最小的活的生物体，如病毒。它们在低真空压力下也可以存活，而且在光学特性上类似电介质。本实验采用类似于"薛定谔之猫"的实验方法，通过创建病毒的量子叠加态，开辟了检验生物体的量子性质的可能性。这是用实验方法解决诸如生命和意识在量子力学中的作用等基本问题的出发点。

观察者会对物理实验的对象产生影响，这对公众来说似乎是陌生的。但这种情况应该不会持续太久了。

"客观"世界和意识之间的这种紧密联系，目前经常在实验室、研究室里被观察到。因此，终将有一天，即使这些观点进入高中基础科学课中，也不会令人觉得过于奇怪。我们现在几乎已经到了那个阶段了。

但我们需要做的仍然是进一步探索意识本身，进行更深入的研究。正如我们所看到的，这方面的研究甚至还没有真正开始。设想一个新的科学分支和一些全新的方法是可能的，因为迄今为止，这方面的努力取得的主要成就仅仅是绘制了大脑图——大脑的哪些部分控制着意识的哪些具体领域。

全球量子态：生物中心主义的未来

能进一步支持生物中心主义的观点是所谓的全球量子态。就目前情况来看，我们已确知，像电子这样的物体在被观察到之前，没有实际的存在、位置或运动。在被观察到的那一个瞬间，它们的波函数发生坍塌，其位置或动量由概率定律决定。

现在，这样的坍塌需要用宏观的设备或对象来测量，如我们把光照射（即发送光子）到一个较宏观的对象上，看看会发生什么。

当涉及的是一个大的或宏观的对象时，那么，根据定义，不是对象的所有部分都能被同时观察到。因此，那些未被观察到的部分的属性是未知的。按照量子力学中通常看到的结果，这种不完全性会导致退相干和波函数坍塌，这是众所周知的。例如，如果我们有两个处于纠缠态的电子，测量其中一个电子的特性而没有第二个粒子的信息会导致退相干，或者使这两个粒子的纠缠态崩溃。我们有机会接触的历史对我们来说似乎是决定性的。

另一方面，如果人们知道纠缠态的两个粒子的全部状态信息，实验表明，这两个粒子的纠缠态会被重建。因此，如果我们可以同时测量宇宙中所有粒子的量子态，我们将永远不会体验到我们生活在一个具有确定性的世界里（在这个世界，每个人要么活着，要么死了，事件似乎都是按顺序发生的）。相反，我们将会直接体验到真正永恒的现实，直触包罗万象的宇宙的本质，即使我们现在仅仅将其想象成量子力学的模糊概率。

还有更多内容。很显然，在我们的大脑中有一种超然的意识系统，正常的日常算法可以在这里被调节，甚至被规避。想想做梦、冥想、精神分裂，甚至是服用迷幻药等行为后的状态，你就会很容易地明白。对这个分层结构进行评估可能会使意识绕过（即使是暂时性的）通常的时空配置，去直接感知它与宇宙的同一性（图 19-1）。

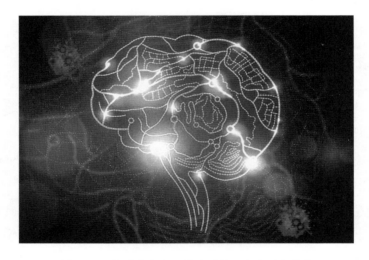

图 19-1　知觉和意识，从未开始，也永不会结束

虽然意识与宇宙一直都是相互关联的，但需要主观上摆脱对空间和时间的知觉，人们才能感知到它们之间的同一性。梭罗写道："总是有可能……成为一切。"梭罗解释说，通过大脑中意识的努力，他可以进入自持状态，远离行动及其造成的后果。所有的事情无论好坏，都像是一条急流从身边流过。"我可以是急流中的一片浮木，也可以是因陀罗从天空向下俯视着的那条急流。"

即使是在早期研究阶段，生物中心主义中最不容易受人怀疑的论点是，观察者与宇宙是相互关联的，其次是时间不存在。也许，生物中心主义中最令人愉快的关键点是既然没有自存的时空基体，能量也就无处消散——那么一个人死后，也不可能去别的什么地方——他会永远活着。

一言以蔽之，死亡是虚幻的。就真实的直接体验而言，你会持续发现，你一直在观察着的东西——知觉和意识，从未开始，也永不会结束。

在《2001：太空漫游》中，宇航员被送上了太空，向着木星漫游。最后，戴夫·鲍曼（Dave Bowman）发现自己被拽进了一个超越空间和时间的彩色隧道里，他在此可获悉宇宙最深刻的奥秘，但随之而产生了新的谜题。他的冒险是对我们漫长而古老的追寻的一个恰当的隐喻。

正如伟大的人类学家劳伦·艾斯利（Loren Eiseley）所说："生命的奥秘已经从我们指间滑落，仍使我们困惑不解的是……一个时代的思维惯性如此之深……以至于将生命与物质相联系的愿望，也许正在使我们对这两个更显著的特点都不加理会、视而不见。"

在过去 1 万年里，我们一直仰望天空，寻找答案。我们已经把飞船发送到火星和更远的地方，并继续制造更大的机器，去寻找"上帝粒子"和也许永远无法解决的谜题中的难以捉摸的关键性部件。我们就像《绿野仙踪》（The Wizard of Oz）里的桃乐茜（Dorothy）一样，在漫长的旅程中一直都在寻找我们的魔术师，只有返回家园……才发现，答案一直都在我们自己身上。

BEYOND BIOCENTRISM
附录 1

时空构造诞生于思维之中

探索意识是一种妙不可言的体验，特别是当它包括外部世界的时候。因为生物中心主义认为，外部世界实际上是在思维之内的。在讨论这个问题时，我们使用如下定义：

大脑是一个占据特定位置的物理对象，作为一种时空构造而存在。其他对象，如位于大脑之外的桌子和椅子，也是构造。（如果桌子和椅子在大脑内的话，颅骨内会非常拥挤，而这些椅子可能会损害大脑纤弱的神经组织，并干扰血液流动。）

然而，大脑、桌子和椅子都存在于"思维"之中。是思维首先生成时空构造的。因此，思维是指"前时空"，而大脑是指"后时空"。

就像你能体验到树木和星系一样，你也能体验到你的身体（包括你的大脑）的图像。因此，这些星系并不比你的大脑或指尖更远。

思维无处不在。它就是你看到的、听到的和感觉到的一切，否则你无法意识到它。

大脑有大脑的位置，树有树的位置，但思维是没有位置的。它存在于你观察到、闻到或听到事物的任何地方。

BEYOND
BIOCENTRISM
附录2

核心问题快速查找指南

	如果您正在寻找的是	章节
1	对时间这一概念的探讨	1 ~ 4, 6
2	关于死亡的不真实性	17
3	关于空间的不真实性	1, 9, 12
4	意识的本质	2, 10, 11, 14, 15
5	生物中心主义的科学证据	4 ~ 8, 19
6	机器和植物的意识	14, 15
7	知识是如何获得和转换的	13
8	作为永恒实现的生物中心主义	11, 16
9	作为随机事件出现的生命	10, 16
10	量子理论	5 ~ 8

一个全新的宇宙模型

如果我们不看月亮，月亮是否就不存在呢？你是不是有时候也会思考如此之类的问题？

尽管阿尔伯特·爱因斯坦是量子理论的创始人之一，并且率先提出了光量子假说，但爱因斯坦固执地坚持宏观世界的决定论，始终拒绝承认微观世界的不确定性。与之不同的是，量子力学的另一奠基人尼尔斯·玻尔，则持有相反的观点。于是，一场伟大的论战开始了。

1931 年，以爱因斯坦发表的后来被称作"EPR 悖论"的文章为标志，两位大师之间的论战达到了顶峰。在这篇文章中，爱因斯坦针对量子力学的不确定性原理展开了攻击，并得出了结论：量子力学是不完备的。而玻尔也在回击中说出了那句名言："你不去测量，电子就不存在。"

或许是感悟到玻尔这句话中无意间对观察者的支持，几十年后的 2009 年，罗伯特·兰札和鲍勃·伯曼在他们的第一本书中提出了关于宇宙的新观点。他们认为，如果不将生命和意识提高到与物质同等的高度来考虑，人类认识世界的理论必然是无效的，也绝不可能有效。他们把这个新观点称为"生物中心主义"。两位作者宣称，他们的理论建立在科学研究的基础上，所得出的结论是对一些伟大的科学思想的合理扩展。

接下来，《生命大设计》一书阐释了生物中心主义的研究范式，声言生物中心主义既不同于宗教观，也不同于经典的科学宇宙观，是"第三条路"——将物理学和生物学结合起来，构建关于宇宙和所有一切的备选模型。

兰札和伯曼通过梳理近二十年来科学界公开发表的一些研究成果，以翔实的证据解读意识和世界的关系，以及时间、空间、随机性、信息和死亡等诸多问题。

在他们看来，时间和空间只不过是人类逻辑思维的工具，并不是实际存在的实体；是我们的意识建构了所有，包括空间和时间；没有所谓的"外部世界"；我们感知到的宇宙就在我们的脑海中，意识和宇宙是相互关联的——它们是一个整体，也是同一个连续体。

兰札和伯曼的生物中心主义理论，可以说是将人类对世界认知的基础从物理学转向了生物学。他们把研究对象引向了我们自身——我们的生命和意识。"人类一思考，上帝就发笑"，捷克作家米兰·昆德拉在耶路撒冷的一次演讲中引用了这句精彩的犹太谚语。为什么上帝看见思考的人就会发笑呢？米兰·昆德拉认为，人是在思考，但抓不住真理。因为人越是思考，一个人的思想就跟另外一个人的思想相隔越远。

我们不得不承认，这是一个不争的事实：人的思想的确存在很大的差异性。但是，若说人类永远抓不住真理，就未免过于悲观了。那句犹太谚语中的"笑"为何不能解释为，上帝因为人类的思考抓住了真理而欣慰地"笑"了呢？

无论如何，本书提供了一种至少可以说是新颖的视角，引领广大读者以另一种方式看待世界。或许，我们总可以从中得到些许启迪，不至于急于将之一棍子打死吧。

嘉兴学院　杨泓　孙红贵 / 哈尔滨工程大学　孙浩

BEYOND
BIOCENTRISM
共读书单

以下是历年来我们的读者推荐的各类兼具权威性和实用性的书籍。

人文新知

《黑洞简史》(*Black Hole*)

玛西亚·芭楚莎（Marcia Bartusiak）

《知识边缘》(*What We Cannot Know*)

马库斯·杜·桑托伊（Marcus du Sautoy）

《未来科技通史》(*Here Be Dragons*)

奥勒·哈格斯特姆（Olle Häggström）

《石油简史》(*Oil: A Beginner's Guide*)

瓦茨拉夫·斯米尔（Vaclav Smil）

《人类简史》（*Sapiens: A Brief History of Humankind*）

尤瓦尔·赫拉利（Yuval Noah Harari）

《未来生命通史》（*Inheritors of the Earth*）

克里斯·托马斯（Chris Thomas）

《雨林行者》（*Throwim Way Leg*）

蒂姆·弗兰纳里（Tim Flannery）

《石像、神庙与失落的世界》（*Jungle of Stone*）

威廉·卡尔森（William Carlsen）

《进化的咬痕》（*Evolution's Bite*）

皮特·S. 昂加尔（Peter S.Ungar）

《别睡，这里有蛇》（*Don't Sleep, There are Snakes*）

丹尼尔·埃弗里特（Daniel L. Everett）

《野性与文明》（*Emerald Labyrinth: A Scientist's Adventures in the Jungles of the Congo*）

伊莱·格林鲍姆（Eli Greenbaum）

《不自私的基因》（*Cracking the Aging Code*）

乔希·米特尔多夫（Josh Mitteldorf）和多里昂·萨根（Dorion Sagan）

《奔腾年代》（*Seabiscuit*）

劳拉·希伦布兰德（Laura Hillenbrand）

《无辜者的申诉》（*Ghost of the Innocent Man*）

本杰明·拉克林（Benjamin Rachlin）

《成为一名维多利亚人》（*How to Be a Victorian*）

露丝·古德曼（Ruth Goodman）

社科历史

《丝绸、瓷器与人间天堂》（*Marco Polo: From Venice to Xanadu*）

劳伦斯·贝尔格林（Laurence Bergreen）

《海洋征服者与新航路》（*Columbus: The Four Voyages*）

劳伦斯·贝尔格林（Laurence Bergreen）

《麦哲伦与大航海时代》（*Over the Edge of the World: Magellan's Terrifying Circumnavigation of the Globe*）

劳伦斯·贝尔格林（Laurence Bergreen）

《海洋文明史》（*Fishing: How the Sea Fed Civilization*）

布莱恩·费根（Brian Fagan）

生命大设计

《躁动的帝国》(*The Untold History of the United States*)

奥利弗·斯通(Oliver Stone)和彼得·库茨尼克(Peter Kuznik)

《即将到来的地缘战争》(*The Revenge of Geography*)

罗伯特·D. 卡普兰(Robert D.Kaplan)

《欧洲新燃点》(*Flashpoints: The Emerging Crisis in Europe*)

乔治·弗里德曼(George Friedman)

《弗里德曼说，下一个一百年地缘大冲突》(*The Next 100 Years: A Forecast for the 21st Century*)

乔治·弗里德曼(George Friedman)

《破晓的军队》(*An Amry at Dawn: The War in North Africa 1942-1943*)

里克·阿特金森(Rick Atkinson)

《战斗的日子》(*The Day of Battle: The War in Sicily and Italy 1943-1944*)

里克·阿特金森(Rick Atkinson)

《黎明的炮声》(*The Guns at Last Night: The War in Western Europe 1944-1945*)

里克·阿特金森(Rick Atkinson)

中 资 海 派 图 书

[美] 亚当·贝克尔　著

杨文捷　译

定价：65.00 元

从哥本哈根诠释到平行宇宙，爱因斯坦质疑、玻尔震惊、费曼自称"一无所知"的伟大理论

自诞生以来，量子物理一直让大众甚至物理学家都困惑不已，"薛定谔的猫"这一思想实验曾被用来检验量子理论隐含的不确定性。可正是薛定谔的这只猫，如梦魇一般让物理学家不得安宁。于是，爱因斯坦、玻尔、薛定谔、海森堡、贝尔、玻姆、费曼、埃弗里特等闻名遐迩的物理学家一次又一次论证、实验和碰撞，拼攒出不断完善的量子物理学。

《谁找到了薛定谔的猫？》是关于这些物理学家思想论战的扣人心弦的故事，更是他们敢于探索未知、追寻真理的故事。贝克尔用生动的语言，讲述了这些物理学家的思想和人生如何像量子般"纠缠"在一起，勾勒出量子物理学波澜壮阔的百年探索史。

爱因斯坦与玻尔的世纪交锋
第二次量子革命的原爆点

[美] 保罗·J. 纳辛　著

孙则书　译

定价：59.80 元

玩转那些纠结又迷人的物理学问题

物理其实好玩又有趣，因为它可以对许多我们经常遇见的问题作出令人信服的解释：夜空繁星无数可为什么还是黑的？能不能直接穿越地心从北京到达纽约？如何用无懈可击的角度踢足球？了解物理知识，不仅可以提升科学素养，还可以加强你在周围人群中的魅力指数呢！

如果我们认真观察身边的世界，就会发现，一些看似深奥的问题其实利用基础的物理知识和数学工具就能解答，从而在日常事件中收获"寻宝"的欣喜：

- 宇航员测量出月球与地球的距离，只是用上了"光线射到镜子上，入射角等于反射角"的原理；
- 牛顿的万有引力定律可以帮助我们算出，太阳和月亮引起的潮汐，哪个更大，以及潮汐如何让地球上一天的时间变长；
- 只要利用三角函数知识，你就能轻松搞定原子弹专家的方程式。

接近课堂却意想不到的酷炫科普书

以简单数理知识解决超量级科学问题

GRAPHENE

即将彻底改变人类世界的
"万能新材料"

[美] 莱斯·约翰逊　约瑟夫·米尼　著

新宇智慧　译

定价：49.80 元

即将彻底改变人类世界的"万能新材料"

- 脑机接口能否让飞行员仅凭大脑操控飞机，为士兵配备力量和速度是人体四肢 5~10 倍的机械骨骼？

- 只要携带 3D 打印机和特殊材料，就能在月球或火星"复制"出适应独特环境的生命支持系统？

- 以石墨烯作为骨架，添加生物分子，就能形成类器官，甚至催生出赛博世界中的改造人？智能服装不仅能根据指令控制温度、变换颜色，还能嵌入传感器，随时反馈全身生理诊断信息？

作为当今科学界和产业界当之无愧的"明星新材料"，石墨烯是一种单片厚度只有一个原子大小的二维碳材料，它拥有无与伦比的特性和巨大的应用价值，在现代信息产业、航空航天、国防军工、生物医学、能源与环境等领域都将带来颠覆性的技术变革，几乎覆盖人类的一切活动领域。

洞悉智造产业机遇与挑战
把握现代科技变革与人类文明演进趋势

READING
YOUR LIFE

人与知识的美好链接

20 年来，中资海派陪伴数百万读者在阅读中收获更好的事业、更多的财富、更美满的生活和更和谐的人际关系，拓展读者的视界，见证读者的成长和进步。

现在，我们可以通过电子书（微信读书、掌阅、今日头条、得到、当当云阅读、Kindle 等平台）、有声书（喜马拉雅等平台）、视频解读和线上线下读书会等更多方式，满足不同场景的读者体验。

关注微信公众号"**海派阅读**"，随时了解更多更全的图书及活动资讯，获取更多优惠惊喜。读者们还可以把阅读需求和建议告诉我们，认识更多志同道合的书友。让派酱陪伴读者们一起成长。

了解更多图书资讯，请扫描封底下方二维码。　　✕ 微信搜一搜　　🔍 海派阅读

也可以通过以下方式与我们取得联系：

📱 采购热线：18926056206 / 18926056062　　📞 服务热线：0755-25970306

✉ 投稿请至：szmiss@126.com　　　　　　　　　◎ 新浪微博：中资海派图书

更 多 精 彩 请 访 问 中 资 海 派 官 网　　　www.hpbook.com.cn　▷